世界第一簡單
土壤力學

加納 陽輔◎著

黑八◎作畫

g. G rap◎製作

前 言

◎關於本書

你會拿起這本書，想必是對「土壤力學是什麼？」抱有興趣、疑問吧？我也一直有這樣的感覺，現在仍然站在這片土壤之上。

● 「第一次接觸土壤力學，但……」

● 「已經試著學習土壤力學，但……」

● 「想以輕鬆的漫畫學習艱澀的學科，但……」

本書是以「土壤力學是什麼？」為原動力，期望「讀者能喜愛學習土壤力學」著述了這本書籍。利用漫畫作為入門書，本書扮演「以視覺、概念來理解土壤力學」的角色。

本書由下列部分組成：

● 以周圍現象解說土壤力學的【漫畫部分】

● 比漫畫更為專業的深入【文字部分】

● 作為預備知識，統整例題、解說的【補充部分】

翻閱漫畫部分就能習得知識，而漫畫以外的部分，則可加深理解程度。從日常的疑問到工程力學的問題，本書由 7 章所構成。為了讓讀者有系統地學習土壤力學，編排參照一般教科書。想要進一步深入的讀者，可以搭配其他參考書研讀。

◎關於土壤力學

土壤，是由固體、液體、氣體組成的混合體，屬自然物質，根據組成、形態，呈現不同的狀況。因此，土壤難以單一理論來解釋，土壤力學可說是單純化、理想化土壤現象（本書「土壤眼鏡」部分），「系統化解決問題的知識與經驗」。其中，「土壤力學是什麼？」還有許多未解明的有趣部分（本書「德在基（Terzaghi）[1] 部分」）。想要掌握稍有難度的土壤力學，「遠瞰大地的飛鳥視角」和「近看土粒的螞蟻視角」是不可或缺的。為了增進讀者想像，本書致力於「周圍現象」、「土壤的角度」，期望讀者能夠結合經驗、感覺來理解。支撐社會基礎的土壤力學，不單是為了滿足自身的興趣、疑問，或者僅為了取得學分，而是可以作為「以飛鳥、螞蟻視角，思考難解現象的訓練課題」。期望本書能幫讀者打好學問的基礎。

寫作時，我參考了許多文獻。為了讓第一次接觸的讀者能感到「容易親近」、「容易理解」，因為土壤的特性，不對，應該是我的個性使然，主角「土門湊太」的解說顯得稍長。特別是後半部分，甚至顯得冗長。儘管如此，在歐姆社、g.Grap的同仁、漫畫家的黑八先生等協助，發揮了漫畫特有的趣味和節奏，完成如此淺顯易懂的作品。另外，日本大學教授西尾伸也老師、秋葉正一老師，在構想階段協助審查、提供許多建言，在此一併致上最深的感謝。

2016 年 4 月

加納 陽輔

目 錄

我現在在做問卷調查,

填寫問卷的話,可以抽獎綠松石的手鍊喔,願意幫忙嗎?

土門 湊太

這麼昂貴的東西……

太可疑了,我們走吧。

好、好、好!我要參加!!

舉手!

大學果然非常棒。有各種活動!

咦?小亞美你剛說什麼嗎?

我能上大學,真是太好了!

抖!

……

哎！

嗯，
說的也是……

話說回來，
在新聞上……

這裡是 A 縣發生
土石流的現場。

因為昨晚的豪大雨，
各地發生小規模的
土石流，

一部分的道路、鐵道
陷入不能通行的狀態。

山林地區有可能發生
河道封閉，請大家
多加注意。

我住在這裡這麼久了，

第一次遇到這種
豪大雨、土石流……

附近的居民表示——

還好不是在
上班時間發生，

不然肯定會
有人受傷。

5

9

……知道如何進行土壤調查的女孩子，這不是很棒嗎？

那個，小亞美，我……想要參加土壤研究社。

蛤？

真的嗎？我太高興了！這樣土壤研究社就能迎接50週年了。

啊──真是的！我知道了啦。我也加入，這總行了吧！

怎麼能讓詩織和詐騙犯單獨相處！

抱住

小亞美！

但是，下次要是再有奇怪的舉動，我就馬上投訴學校，廢掉這個社團！

!!

怒瞪

……是的。

10

第 **1** 章

土壤與地盤

那麼，我們趕緊來學習土壤吧！

好的——

如同剛剛說的，這個社會是由「基礎建設」（→p.31）

的社會基礎所構成，這些設施又由地盤所支撐。

基礎建設

地盤

人們為了實現富裕生活，努力研究支撐社會的地盤，

那個——

剛才不是說土壤力學嗎？

而成立「**大地工程學（Geotechnics）**」

妳問得很好！

接近！

在大地工程學當中，研究作為材料、地盤的土壤，探討其強度及變形的學問，稱為「**土壤力學**」。

這個探求正是我們土壤研究社的使命！

平時支撐我們生活的地盤，有的時候也會帶來災害。

哇！

1.1 土壤力學是什麼？

話說，妳們認為土壤是什麼？

哎！

那個……

土壤就是土壤啊……

抱歉抱歉。

比如，翻閱詞典的「**土壤**」，裡頭寫著「**覆蓋地表的自然物質**」，

但土壤的定義因人而異。

工學

大地工程

土壤力學

以土壤為對象的學問

理學

農學

地質學

土壤學

像是在「**土壤學**」中，定義為培養農作物的土壤；

在「**地質學**」中，認為是構成地球表面的岩盤、地層。

那麼，就建設社會基礎的土木技師來說呢……？

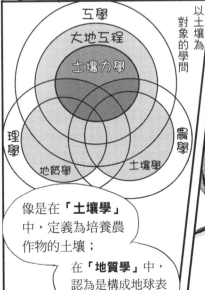

是用來進行基礎建設的
材料、地盤！

舉手！

答得好了！

妳已經是優秀的
土研社一員了！！

哇哈哈！

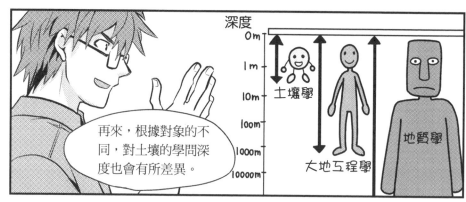

再來，根據對象的不同，對土壤的學問深度也會有所差異。

深度
0m
1m　　土壤學
10m
100m
1000m　　大地工程學
10000m

地質學

但是，由土壤學的知識，我們可以瞭解土壤的詳細性質；

由地質學的調查，我們可以推測地盤的大致強度，

你幫我，我幫你，

它們之間有著密切的關係。

那麼，

研究土壤的學問有大地工程學、土壤學、地質學，

土壤力學是大地工程學中的……哎？

太多相近的詞讓妳搞混了吧。

也就是說，土壤力學※1主要是從土木技師的角度探討土壤工程學上的問題，

應用材料學、結構力學、水力學等相關知識的學問。

材料學
結構力學
水力學
流體力學
…

大地工程學

土壤力學 ⇒ 設計 施工 防災 減災

解決土壤工程學上的問題！！

因此，土壤力學主要是由「**土壤的材料學**」和「**土壤的結構力學**」所構成，

分別是探討材料的物力性質和力學性質，

基礎建設

無名 土壤力學 理論 經驗 英雄

土壤的材料學 土壤的結構力學

以及地盤、土壤結構物的結構力學。

但是，即便我們說明了土壤的理論現象，

實際上土壤的表現未必會如同理論。

所以，學習理論之後，還需仔細觀察現場狀況，將實際的現象納入考量也是很重要的。

這是坐在教室裡所學不到的……但也正是趣味所在。

「**土壤力學**」始於土壤力學之父－奧地利學者卡爾·德在基（Terzaghi K.）於1925年發表『土壤力學』

喋喋不休

小亞美！小亞美！

嗯？

※1 以解決土壤、地盤的工學問題為目的，結合應用土壤力學、彈性理論、塑性理論、水力學等學問，再加上主觀視點的一門學問體系（日本地盤工學會）。

1.2 土壤的生成

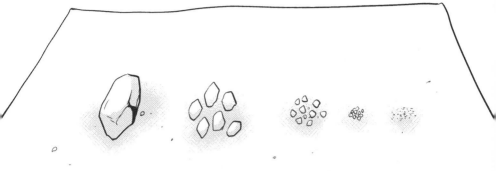

這樣就瞭解了吧，土壤是由什麼形成的？

哈、哈、哈……

土壤……是由岩石形成的嘛。

沒錯！

土壤是由大塊的岩石、石頭逐漸變小形成的，這個過程稱為「風化」。

哎！

那麼，土壤是大家一起拿榔頭敲擊做出來的！？

那樣的世界也滿不錯的。

實際上，原本大塊的岩石，

經由溫度、濕度變化的**「物理性風化」**，

好熱～～

好冷～～

經由雨水產生化學反應的**「化學性風化」**，

溶解

經由植物、蚯蚓等侵蝕的**「生物性風化」**等，最後形成土壤。

侵蝕咬蝕

扎根

除了風化，水、風也會削磨岩石，我們稱為**「侵蝕」**作用。

啊……被削磨了……

而倒了……

嘿——大自然的力量真厲害耶。

想像一下。地球上形成地殼的時候，地面還沒有土壤、生命，只有水、大氣和火成岩。後來，地球經歷大規模的造山運動、頻繁的火山活動，地表在大自然作用下，反覆隆起與沉降，風化與堆積，形成現在的地盤。怎麼樣？有沒有很生動？

有！

有啦有啦。

地殼形成時的地面樣貌

產生地質現象的自然作用，稱為「營力」（process），分為火山、斷層運動等「內營力」（endogenic process），和水、大氣、日光、生物等「外營力」（exogenic process）。

地殼經歷數萬年長時間的歲月，受到內營力的影響形成起伏的地形，地表附近凹凸的岩石受到外營力的影響，不斷風化、侵蝕，慢慢轉為土壤的形態。有沒有很生動？

有！

……。

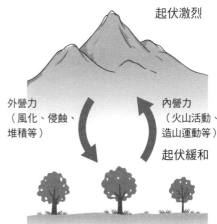

起伏激烈

外營力
（風化、侵蝕、堆積等）

內營力
（火山活動、造山運動等）

起伏緩和

內營力和外營力造成的地形變化

這樣妳們瞭解，土壤是怎麼形成的嗎？

 土壤是由岩石經由「風化」、「侵蝕」形成的。

 結果，到頭來岩石也是土壤形成的嘛……

 一直循環不已！

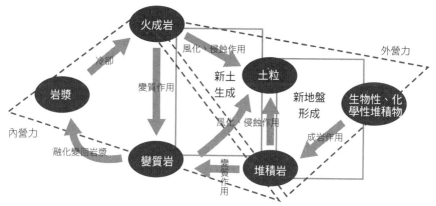

土壤和岩石的循環

 沒錯，就是這樣！土壤除了受風化、侵蝕不同程度的影響之外，岩石的種類、生成的地點等等，也會影響形成不同特徵的土壤。也就是說，土壤和人類一樣會因生長環境的不同，而塑造各種個性。

各種個性的土壤

1 .3 地盤的形成

對了！
給妳們看個
好東西。

把我們帶到這種
奇怪的地方，
你在打什麼壞主意？

可以不要這樣
懷疑我嗎……

我想要給妳們看這個。

好漂亮……

這是……地層嗎？
感覺好像
書本一樣。

沒錯！真的！
解讀每頁的地層，
我們才能瞭解地盤的形成。

首先，地層分為
土壤經由風化、侵蝕，
在原地堆積的「**定積土**」，

和搬運到
其他地方堆積的
「**運積土**」。

定積土還可
進一步分類。

定積土 ─┬─ 殘積土　岩石風化形成
　　　　└─ 植積土　植物枯萎
　　　　　　　　　　堆積形成

殘積土 → 泥炭　殘存的未分解植物組織

植積土 → 黑泥　分解的黑色物質

殘積土的代表在日本有
花崗岩類形成的「**真砂土**」。

搬運作用	運積土的分類	運積土的特徵
重力	崩積土	經重力短距離搬運的土壤
		風化後岩石崩落懸崖下的崖錐堆積
水流	沖積土	經水流搬運至平原地區、河口地區堆積的土壤
		依堆積場所分為海成沖積土、湖成沖積土
風	風積土	經風搬運堆積的土壤
		代表土壤：中國大陸的黃土
火山	火山性堆積土	火山噴發的火山礫、火山灰堆積的土壤
		大致分為火山灰質粗粒土和火山灰質黏性土
冰河	冰積土	經冰河搬運堆積於陸地、海中的土壤
		流黏土（quick clay）為海中堆積的冰積土

然後，運積土
依搬運作用的不同，
還可以這樣分類。

沒錯，運積土雖然只是
一個名詞，但依搬運作
用的不同，有很多種。

順便一提，許多大城多是發展於
沖積土層形成的沖積平原上。

哇哇，
有這麼多……

24

測量地層、地盤古老程度的標準，稱為「**地質年代**」。

地質年代由最古老的開始大致分為前寒武紀、古生代、中生代、新生代，又可進一步細分為紀、世、期。

然後，我們可以由化石等遺留痕跡來推測地質年代。

這樣的化石稱為「**指標化石**」，耳熟能詳的有三葉蟲、菊石、新生代的長毛象。

地質年代中較新的「**新生代**」可以如右表區分：

代	紀	世期		年代（百萬年）
新生代	第四紀	全新世		0.0117
		更新世	後期	(0.126)
			中期	(0.78)
			前期	2.58
	新近紀	上新世	後期	3.60
			前期	5.33
		中新世		23.0
	古近紀	漸新世		33.9
		始新世		55.8
		古新世		65.5

我看看……現在是新生代的「**第四紀**」，距今最早的約為

一萬年前的「**全新世**」。

約 250 萬年前開始，是「**更新世**」。

比更新世末期（1～2萬年前）還新的地層，稱為沖積層，屬於還年輕軟弱的地層。

然後，第四紀的地層，稱為「**更新統**（Pleistocene Series）」，這是相當硬的地層，能夠支撐結構物。

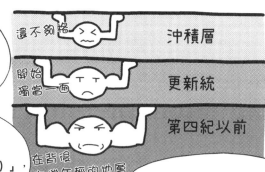

地質年代示意圖

還不夠格　　沖積層

開始獨當一面　　更新統

第四紀以前

在背後支撐年輕的地層

再來，新近紀、古近紀時形成的地盤非常堅硬，但因為深處於地底下，和我們沒有太大的關係。

一般來說，地盤愈古老愈硬，

不同地質年代的地層，硬度差異會非常大。

土壤、岩石需要累積數萬年，才夠格成為地盤。

只是，當變成老手之後，就會變為無名英雄，幾乎不會活躍於表面了。

哼——好像蠻酷的。

26

1.4 地盤調查

前面提到，許多大都市都建立在沖積平原上，地盤較軟。正因為是這樣的土地，為了建構安全的社會，我們必須把握地盤的性質，但該怎麼做才好呢？

嗯……直接問地盤……嗎？

沒錯。地盤調查分為概要設計的「預備調查」，和為了施工計畫的「正式調查」。再來，正式調查又分為當地直接調查的「現地試驗（in-situ test）」，和將樣本帶回室內調查的「土質試驗（soil test）」。

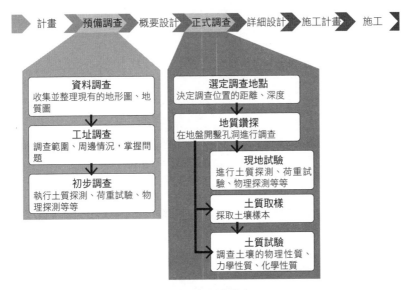

工址地盤調查計畫

當然，由於時間、金錢並不是無限的，所以適當選擇調查試驗的範圍、方法，是非常重要的事情。

話說回來，岩下學妹。妳知道「地質鑽探（boring）」嗎？

 打保齡球（bowling）？不對，是指在土壤開鑿孔洞的作業吧。

 原來妳知道啊……地質鑽探是在地盤上開鑿直徑約 10cm 的孔洞，觀察地下水位、地盤內部的狀況。

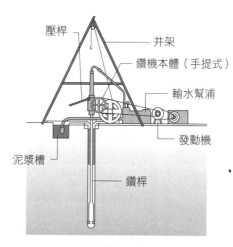

地質鑽探示意圖

 然後，利用鑽探開鑿的孔洞，進行現地試驗，現地試驗又可以分為：

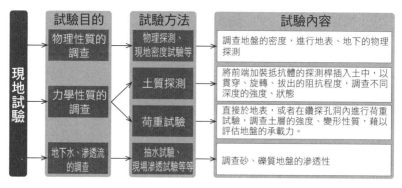

	試驗目的	試驗方法	試驗內容
現地試驗	物理性質的調查	物理探測、現地密度試驗等	調查地盤的密度，進行地表、地下的物理探測
	力學性質的調查	土質探測	將前端加裝抵抗體的探測桿插入土中，以貫穿、旋轉、拔出的阻抗程度，調查不同深度的強度、狀態
		荷重試驗	直接於地表，或者在鑽探孔洞內進行荷重試驗，調查土層的強度、變形性質，藉以評估地盤的承載力。
	地下水、滲透流的調查	抽水試驗、現場滲透試驗等等	調查砂、礫質地盤的滲透性

現地試驗

地質鑽探需要鑽挖多深呢？

這個嘛，根據需要，有時鑽挖深度超過 1000m。

1000m！

嚇到了吧。在挖掘的時候，我們會在鑽挖孔中灌入泥漿，增進循環。這是為了藉浮力排出挖掘的土石、岩屑，而且泥漿的壓力能夠支撐孔洞，具有防止崩塌的效果。

「土質探測」是什麼？

土質探測（Sounding）是用來測量地盤的相對強度等資料，多用於預備調查階段，可以想像是用聽診器來檢查難以觀察的地盤內部狀況※2。
這是將前端加裝抵抗體的探測桿插入土中，以貫穿、旋轉、拔出的阻抗程度，調查各位置土壤的強度、狀態的方法（→p.34）。

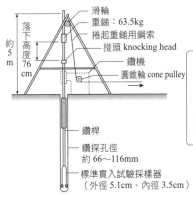

滑輪
重鎚：63.5kg
捲起重鎚用鋼索
鎚頭 knocking head
鑽機
圓錐輪 cone pulley

落下高度 76cm
約 5 m

鑽桿
鑽探孔徑 約 66～116mm
標準貫入試驗採樣器
（外徑 5.1cm、內徑 3.5cm）

標準貫入試驗是預備調查時經常使用的現地試驗之一，在開鑿指定深度的鑽探孔中設置採樣器，使 63.5kg 的重鎚從 76cm 高處自由落下，計算採樣器貫穿 30cm 需要的落下次數 N（N 值）。另外，進行標準貫入試驗的地質鑽探時，也可以取樣目標地點的土壤樣本，核對 N 值，以掌握地質的性質。

標準貫入試驗

※2 代表性的土質探測有：標準貫入試驗、簡易動力圓錐貫入試驗（Dynamic Cone Penetrometer Test）、可攜式圓錐貫入試驗（Portable Cone Penetration Test）、瑞典式重量探測試驗（Swedish Weight Sounding Test）等等。

土質試驗是什麼樣的試驗？

首先，開鑿目標土壤到一定深度，即進行「土質探測（Sounding）」。所謂的土質探測，是從工址採取必要的土壤樣品。然後，將土質探測的土壤樣品帶回，在實驗室進行土質試驗。土質試驗根據實驗目的、目標土壤的性質，列表如下：

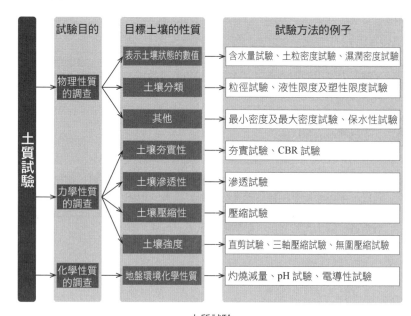

土質試驗

哇！分得好細啊！

土壤的性質各有不同，試驗的方法因而不同。兩位進入土壤研究社，這些全部都可以親自體驗喔！

❏ 社會的基礎建設

社會的基礎建設（infrastructure）涵蓋範圍甚廣，包括道路、港灣、機場、上下水道、電力、瓦斯、醫療、消防、警察、行政服務等等，在本書中，是指維持生產基礎的交通建設（道路、港灣、機場）和維持生活基礎的民生建設（上下水道、電力、瓦斯）等土木結構物。

❏ 土質與地質的差別

（1）土質和地質大致的不同

「土質」是以土壤力學等工學領域上較為軟質的地盤為研究對象，主要討論土壤的性質；另一方面，「地質」是以地質學等理工領域中較為硬質的深成（古老）岩盤、山岳地盤為對象，討論岩石、地層的性質。

（2）土質和地質技師的部門、科目不同

就技師資格的技術部門及科目來說，土質是屬於「工程建設部門－土質及地基」；地質是屬於「理工應用部門－地質」，兩者的區別整理如下表：

土質與地質的比較

	土質	地質
技術部門	工程建設部門	理工應用部門
專業科目	土質及地基	地質
專業學系	工學院土木工程學系等	理學院地質學系等
相關學問	土壤力學、大地工程學、結構力學、水力學等	地質學、地質結構學、地質礦物學、沉積學等
對象地盤	柔軟地盤、人工地盤等	硬質地盤、岩盤等
對象建築	道路、鐵道、河川堤防、土地開發、建築基礎等	山岳道路、水壩、隧道、核能等
主要技術	現地試驗、土壤試驗、現場測量（沉陷、錯位等） 環境調查（土壤污染等） 地盤應力變形分析	地形地質勘查、岩石試驗 斜面防災調查（落石等） 山崩調查、岩盤應力分析

（資料來源：中國地質學會）

❏ 鑽探調查和採樣

（1）鑽探調查

「鑽探調查」是，使用挖鑿機等機械，在指定的調查地點或者調查位置，開鑿圓筒狀的孔洞（一般孔徑為66、86、116cm），取樣並進行現地試驗，以便調查地盤的工學性質。

（2）採樣

「採樣」是，從調查位置採取土壤試驗用的樣品，根據土壤種類、地盤狀態及試驗目的，選擇適合的取樣方式及採樣器。下表為採取未擾動樣品

（undisturbed sample，土壤結構、力學特性近似於現地狀態的樣品）的採樣器種類及適用地盤。

採樣方式種類及適用地盤

採樣種類		構造	採樣直徑（mm）	適用地盤種類										
				黏性土			砂質土			礫混土		岩盤		
				軟質	居中	硬質	疏鬆	居中	緊密	疏鬆	緊密	軟岩	中硬岩	硬岩
				N 值標準										
一般常用	固定活塞式採樣器（stationary piston sampler）伸長桿式	單管	75	◎	○	—	○	—	—	—	—	—	—	—
	水壓式	單管	75	◎	◎	○	◎	○	—	—	—	—	—	—
	區段取樣	—	任意	◎	◎	◎	◎	○	○	○	—	○	○	—
	旋轉式二重管採樣器（丹尼森採樣器）	二重管	75	—	◎	◎	○	◎	○	—	—	○	—	—
	旋轉式三重管採樣器	三重管	83	—	◎	◎	◎	◎	○	○	○	—	—	—
追求高品質	凍結採樣（岩心鑽鑿法）	—	50〜300	—	—	—	◎	◎	◎	◎	◎	◎	—	—
	GP（Gel Push）採樣	單管	100〜300	○	○	○	◎	◎	◎	◎	◎	◎	—	—

◎：最適合　○：適合

日本地盤工學會：地盤調查方法及解說

1. 區段採樣 Block Sampling（JGS 1231 ※3）

使用鏟子、移植鏝等器具，挖掘地表附近或地下水位以上的砂質土，將塊狀樣品整塊切割脫離地盤，分為切出式和壓切式兩種。

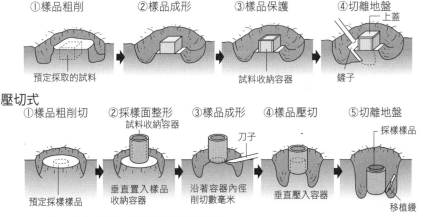

切出式

①樣品粗削　②樣品成形　③樣品保護　④切離地盤

上蓋

預定採取的試料　試料收納容器　鏟子

壓切式

①樣品粗削切　②採樣面整形　③樣品成形　④樣品壓切　⑤切離地盤

試料收納容器　刀子　採樣樣品

預定採取樣品　垂直置入樣品收納容器　沿著容器內徑削切數毫米　垂直壓入容器　移植鏝

※3 日本地盤工學會（JGS）所制定的規格標準編號。

2. 薄管採樣器 Thin－walled Sampler（固定活塞式採樣器）（JGS 1221）
    主要用來採樣軟質的黏性土，將採樣管緩慢地壓入地盤中。
3. 旋轉式二重管採樣器 Denison type Sampler（丹尼森採樣法）（JGS 1222）
    主要用來採樣硬度為中間到硬質的黏性土，以前端裝設鑽頭的外管，旋轉削切地盤，將未旋轉的內管壓入地盤中採出。
4. 旋轉式三重管採樣器 Tribble Sampler（JGS 1223）
    主要用來採取砂質土，以前端裝設鑽頭的外管，旋轉削切地盤，將未旋轉的內管壓入地盤，用內側的採樣管採樣。

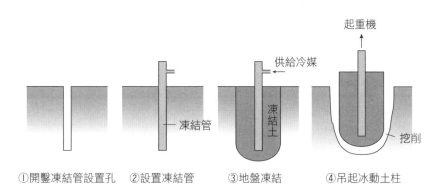

①開鑿凍結管設置孔　　②設置凍結管　　③地盤凍結　　④吊起冰動土柱

5. 凍結採樣 Freezing Sampling
    主要用在一般方法難以採樣，細粒級較少的砂質土、礫混土，使用液態氮等凍結地盤，再以岩心鑽鑿法採樣。
6. GP採樣 Gel Push Sampling
    在單管取樣器中填充高濃度潤滑劑，旋轉削切採樣。因未使用循環水，所以不用清洗樣品表面，可以採取到和凍結採樣相同的高品質樣品。

□ 土質探測 Sounding

    「土質探測」是使用鑽桿前端的抵抗體，插入未固結地盤，以貫穿、旋轉、拔出的阻礙程度，調查地盤的強度特性及地盤常數。下面列舉代表的方法：

（1）瑞典式重量探測試驗
（Swedish Weight Sounding Test）

　　「瑞典式重量探測試驗」是，併用載重貫穿和旋轉貫穿的現地試驗，用以判斷土壤的軟硬、夯實程度，目的是要確認軟地盤厚度等。此方法的裝設、操作簡便，具有優異的貫穿力，多用於深度小於 10m 左右的初步調查。

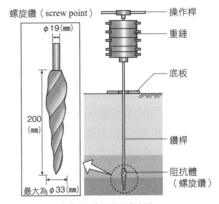

瑞典式重量探測試驗

（2）簡易動力圓錐貫入試驗
（Dynamic Cone Penetrometer Test）

　　「簡易動力圓錐貫入試驗」是，使重錘（5kg）自由落下（50cm），求取現地貫入阻抗的試驗。此試驗儀器小型輕量，可裝設於陡峭斜地、狹隘場所，可用於判斷陡峭斜面的風化程度。另外，此試驗所得到的 N_d 值，與 N 值及其他探測試驗值有密切關係。

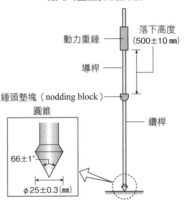

簡易動力圓錐貫入試驗

（3）可攜式圓錐貫入試驗
（Portable Cone Penetration Test）

　　「可攜式圓錐貫入試驗」是，將鑽桿前端的圓錐緩慢貫穿地盤，以便連續求得深度方向的阻抗程度。此試驗儀器攜帶容易，經常用於傾斜地、山岳地，但因為是以人力貫穿，僅適用於軟黏性土。另外，此試驗所得到的圓錐貫入阻抗值 q_c，可用來進一步求得無圍壓縮強度。

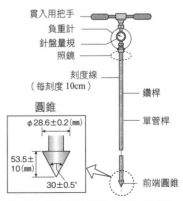

可攜式圓錐貫入試驗（※單管式）

（4）荷式圓錐貫入試驗
（Dutch Cone Penetration Test）

「荷式圓錐貫入試驗」是，使用二重管為鑽桿，以減少周圍的摩擦，再以壓入裝置貫穿，所以適用堅硬的地盤（到 N 值 30 左右）。但是，因裝置體積較大，反作用力強，主要用於精密調查。另外，此試驗所得的圓錐貫入阻抗值 q_c，可與黏著力 c 和 N 值列出關係式，除了極軟黏性土之外，都能夠求得正確的強度。

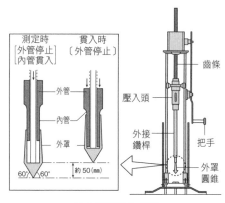

荷式圓錐貫入試驗

▢ 希臘文字及讀法

α：alpha	β：beta	γ：gamma	δ（Δ）：delta
ε：epsilon	ζ：zeta	η：eta	θ：theta
ι：iota	κ：kappa	λ：lambda	μ：mu
ν：nu	ξ：xi	o：omicron	π：pi
ρ：rho	σ（Σ）：sigma	τ：tau	υ：upsilon
ϕ：phi	χ：chi	ψ：psi	ω（Ω）：omega

括號（ ）內為大寫符號

第 2 章

土壤組成與性質

※1 固體、液體、氣體狀態（三態）形成的物質，分別稱為固相、液相、氣相，漫畫中總稱這三個相態為「三相」。

土壤力學中的「土壤」是什麼?

那麼,我們就來開始進行土壤之眼的訓練。

我不是說不需要了嗎?

比如,妳們認為鬆軟的土壤和硬梆梆的土壤,三相構成有什麼不一樣?

鬆軟土壤好像含有較多的空氣……

硬硬梆梆

鬆鬆軟軟

硬梆梆土壤較為乾燥嗎?

對,答得很好。

那麼,乾燥的土壤和濕黏的土壤呢?

乾乾燥燥

濕濕黏黏

嗯……濕黏的土壤比乾燥的土壤,含有更多水分。

對、對,砂原已經練就土壤之眼了。

蛤?

但是，鬆軟、硬梆梆、乾燥、濕黏的感覺因人而異，想要將土壤作為材料、地盤使用，必須定量分析土粒孔隙大小及水分含量。

比如，鐵、混擬土等人工材料，可以依照用途來選擇品質……但土壤是自然物，不能這樣做。
首先，我們先說明土粒的「密度」吧。

密度，國中學過「物體單位體積所含的質量」嘛。

將質量除以體積，我們就可以知道物體的密度嘛。

沒錯。令土粒質量為 $m_s[g]$、體積為 $V_s[cm^3]$，則土粒密度ρ_s可以下列表示[※2]。這沒有問題吧？

土粒的密度：$\rho_s = \dfrac{m_s}{V_s}$〔g／cm³〕

這種程度的話，還可以。

這個公式是用來計算土壤的顆粒（個體）密度，表示每單位體積的平均質量，可以由土粒的密度試驗直接測量。順便一提，土粒的密度 ρ_s，岩石風化的土粒密度約為 $2.60\sim2.70\,g/cm^3$；富含泥炭等有機物的土粒密度約為 $1.2\sim2.0\,g/cm^3$（→p.63）。

1mm左右吧？

嗯……應該更小一點才對吧？0.1mm左右？

※2 本書以 V 表示體積（Volume）、m 表示質量（Mass），下標 s 表示固體（solid）、a 表示空氣（air）、w 表示水（water）、v 表示孔隙（void）。

妳們兩個都正確喔。如同下表，土粒可依粒徑大小分為「石」、「礫」、「砂」、「粉土」、「黏土」。

根據土粒粒徑大小的分類及其名稱

粒徑〔mm〕	0.005		0.075	0.25	0.85	2	4.75	19	75	300
名稱	黏土	粉土（silt）	細砂	中砂	粗砂	細礫	中礫	粗礫	粗石	巨石
			砂粒			礫			石	
構成等級	細粒級		粗粒級						巨粒級	

但是，土壤幾乎沒有單一粒徑構成的例子，所含的土粒大致包括 75mm 以上的「巨粒級（rock fraction）」、0.075～75mm 的「粗粒級（coarse fraction）」、0.075mm 以下的「細粒級（fine fraction）」。
另外，土粒的形狀也有特徵，比粉土還要大的顆粒通常有稜角或為圓石，黏土的顆粒為薄片、板狀、碎片狀居多。

但是，石粒成分很多種……統稱土壤不會很奇怪嗎？

不錯，非常合理的想法。實際上，我們一般用作「土壤材料」的是，未滿75mm的粗粒級和細粒級所構成的土壤。含有 75mm 以上石粒級的材料，我們稱為「混岩土料（soil material with rock）」、「岩質材料（rock materials）」，以此區別。

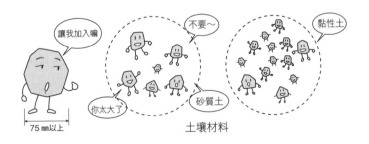

土壤材料

再來，土壤材料中含有較多粗粒級的土、稱為「粗粒土」，粗粒土中含礫石較多的土稱為「礫質土」；含砂石較多的土稱為「砂質土」。而含細粒級較多的土稱為「細粒土」，以黏土為主的土，因含水量多而帶有黏性，所以稱為「黏性土」。

土壤有好多種類和名稱耶。

土壤混雜了大大小小的土粒，哪種粒徑的土粒含有多少，也就是粒徑的分布狀態，我們可以藉由粒徑試驗來測得（→p.66）。

 若將土粒的粒徑比喻為個人的身高，土壤的粒徑就像是一個班級的身高分布？

 沒錯。掌握土粒的粒徑、土壤的粒徑，對於討論土壤的性質，是非常重要的事情。

 然後，土粒在堆積的過程中，會形成土壤結構，基本上大致分為以下 4 類：

單粒結構　　　　雜亂結構　　　　絮狀結構　　　　定向結構
unit structure　　random structure　flocculent structure　oriented structure

 嘿～土粒是怎麼聚集在一塊的啊？

 喔，好問題耶。粗粒土是藉由重力，黏性土是藉由電化學性質聚集在一塊的。但是，土粒並非像拼圖一樣緊密結合，土粒結構一定會產生「孔隙」。

 因為這個孔隙充滿了水和空氣，孔隙多寡、水與空氣含量的不同，土壤因而會有乾燥、濕黏、鬆軟、硬梆梆的不同狀態喔！

2.2 土壤的狀態

什麼！～～

好，大家都練就了土壤之眼，

我們再一次觀察土壤吧。

這是濕潤的狀態，也就是由土粒、水、空氣三相組成「濕潤狀態」的土壤。

那麼，妳們戴上這個。

鏘鏘～～ 土壤

空氣
水 ← 孔隙
土粒（固體）

嗯哼嗯哼。

土壤之眼再搭配土質眼鏡，我們可以更深入觀察土壤，

能夠看到三相組成個別體積和質量的「土壤三相圖」喔。

不用，我才不要戴那麼土的眼鏡……

體積(V)　　質量(m)

空氣 (air)　$m_a \fallingdotseq 0$

水 (water)　m_w

土粒 (soil)　m_s

V_a 孔隙
V_v
V_w
V
V_s 土粒結構

m

瞧，很厲害吧！

濕潤狀態

……喔！

透過土質眼鏡看到的世界，可以簡單幫助我們理解土壤力學的概念。

真的好厲害！

土壤

嗯嗯

土

壤

土壤原來是這樣的東西啊……

那些人沒事吧？感覺怪怪的。

噓！被他們聽到就慘了！

那麼，首先，我們以土壤三相圖來說明土壤整體的體積 V 和質量 m 吧。

土

土

土

土壤的總體積 V 是三相體積的相加，所以公式會是這樣嗎？

土壤

體積 (V)
空氣
水
土粒
孔隙
土粒結構

土壤體積：$V = V_s + V_w + V_a\ (= V_s + V_v)$　〔m³〕

這樣的話，土壤的總質量 m 也是同樣的列法嘛。

土

質量 (m)
空氣　$m_a \fallingdotseq 0$
水　m_w
土粒　m_s
孔隙
土粒結構
m

土壤質量：$m = m_s + m_w + m_a$　〔kg、t〕

妳們兩人都非常棒。

土壤

若將空氣的質量設為 $m_a \fallingdotseq 0$，土壤質量也可表示為 $m = m_s + m_w$。

46

接著我們來觀察那邊陽光照射到的乾燥土壤吧。

乾巴巴

咦？
沒有水耶。

乾燥土的構成圖

體積(V)　　　　　　質量(m)

空氣　　ma≒0

土粒　　ms

是啊。
雖然自然狀態下不太可能，

土壤完全乾燥，孔隙僅充滿空氣的狀態，我們稱為「乾燥狀態」。

接著，我們來看那邊水坑底部的土壤。

這裡
沒有空氣耶。

飽和土的三相圖

體積(V)　　　　　　質量(m)

水　　mw

土粒　　ms

對。
孔隙僅充滿水的狀態，我們稱為「飽和狀態」。

相反地，若孔隙含有一些空氣的狀態，則稱為「不飽和狀態」。

也就是說，根據土粒、水、空氣在土壤中所佔的體積、質量，

我們可以定量表示土壤的狀態。

以「三相組成比」來表示土壤狀態的時候，需要注意一些量值的基本定義。「比例」是相對土粒（固體）的比例；而「率」是相對土壤整體的百分率〔％〕。妳們先記住這兩個定義。

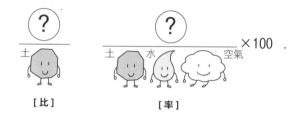

[比]　　　　　　[率]

那麼，我們來討論土壤所佔的孔隙量吧。妳們認為孔隙應該用體積來計算還是用質量來計算呢？

孔隙是土粒結構間的空隙……沒有重量，所以孔隙的量應該用體積來計算。

孔隙中包含了水和空氣……若想成是空氣的話，應該是用體積來計算吧？

對，答得好。用來表示孔隙量的有「孔隙比 e」和「孔隙率 n」，兩者都是以體積表示。那麼，請想一下剛才的基本定義，先以孔隙比 e 來表示「三相的組成比」吧。

嗯……孔隙用體積計算，比是相對土粒的比例，那麼孔隙比 e 就是土粒體積 V_s 對孔隙體積 V_v 的比……

孔隙比（Void Ratio）： $e = \dfrac{V_v}{V_s}$

是這個樣子嗎？

對，沒錯。孔隙比 e 是壓縮性的指標，以最扎實的砂質土、礫質土理想狀態約為 0.1～0.2（不太容易達到）、非常疏鬆的狀態約為 0.7～1；黏性土為 1～4、泥炭為 5～20，是非常大的數值。

那麼，孔隙率 n……同樣是以體積為基準，相對土壤整體的百分率。

孔隙率（Porosity）： $n = \dfrac{V_v}{V} \times 100$ 〔％〕

沒錯！砂原和岩下，妳們都變成是「土壤女」了！

 沒有，還沒到那種程度……。

 土壤力學比較常使用孔隙比 e，孔隙比 e 愈大，表示地盤的力學性質愈弱。

 兩位土壤女，我們接下來討論含水程度吧。孔隙的量是以體積來計算，那水是用體積還是用質量來計算呢？

 水沒有大小之分，所以用重量來計算吧……

 食鹽水濃度是以質量來看……所以含水程度是用質量來計算。

 太好了，妳們兩人理解的真快。不對，是我教得好……！

 ……。

 用來表示含水程度的有「含水量（比）w」和「含水率 w_m」，兩者都是以質量比率來計算。那麼，我們就來求含水量（比）w 和含水率 w_m 吧。

 水用質量來計算，比是相對土粒的比率……所以是 $\dfrac{m_w}{m_s}$ 吧？

 雖然想說正確……但這樣計算的話，會出現小數點，所以含水量（比）w 習慣以百分率來表示〔％〕。

含水量（比）：$w = \dfrac{m_w}{m_s} \times 100$ 〔％〕

土壤在自然狀態下保有的含水量（比）w，稱為「自然含水量（比）w_n」，一般情況下，砂質土小於 20 ％、黏性土約為 40～60 ％、泥炭大於 300～1000 ％。含水量（比）w 是由含水量試驗直接測得的數值，會因土壤種類而有很大的差異（→p.69）。

那麼，含水率 w_m 呢？

 這個嘛……含水率 w_m 是相對土壤整體質量的百分率……所以是這樣：

$$含水率：w_m = \frac{m_w}{m} \times 100 \ (\%)$$

 正確！果然，老師很優秀……！

 ……。

 含水程度，也就是濕黏程度，會大大影響土壤的狀態、性質，所以在處理土壤材料時，這是基本且重要的指標。
再來，作為孔隙量和含水程度之間的指標，我們會以孔隙充滿多少水分「飽和度 S_r」來表示。

 嗯……含有空氣的孔隙是用體積 V_v 來計算，其中水的體積 V_w 所佔的百分率為：

$$飽和度：S_r = \frac{V_w}{V_v} \times 100 \ (\%)$$

 不錯！那麼，孔隙充滿水的「飽和土」和不含水的「乾燥土」，飽和度 S_r 各是多少％呢？

 「飽和土」是指孔隙充滿水……所以飽和度 $S_r = 100\%$！

 「乾燥土」則相反，是指完全沒有水的狀態……所以飽和度 $S_r = 0\%$。

 對、對。妳們真幸運，遇到好老師。由此可知，濕潤狀態土壤的飽和度 S_r 會介於 0 ％到 100 ％之間。

50

最後，表示空氣含量程度的
「空氣孔隙率 v_a」會如何呢？

這是土壤疏鬆程度
的指標喔。

空氣孔隙率：$v_a = \dfrac{V_a}{V} \times 100$〔％〕

會是這樣。

空氣是用體積計算，率是
相對土壤全體的百分率，
這樣的話……

嘿嘿，
小菜一碟。

由這些土壤狀態
各種量值的定義，
我們可以由三相的
質量和體積推導出公式。

但是，出現了一堆
專有名詞，已經
頭昏腦脹了。

那麼，午餐也吃完了，
我們差不多該下山了吧？

啊！已經這個
時候了啊。

所以，
比起死背公式，
清楚理解更為重要。

一講到土壤的事情，
我們不小心就
忘記時間了。

我們……？

小亞美！快點！
跟上跟上！

2.3 土壤的性質

妳們小時候在玩砂子的時候，

會怎樣搓出堅固的砂球呢？

嗯……摻混各種大小顆粒的泥土、調整水量……

以土壤作為建設材料的時候，我們也必須夯實土壤，改善其工學性質才行。

哈——又是土壤的話題……我的話，總之就是把砂子捏緊。

妳們從小就具備了成為土壤專家的素養。

嘿嘿——

馬上就得意忘形……

以專業的角度來說明妳們的做法，土壤的夯實程度受到**「粒度」**、**「含水量」**還有**「夯實能（Compaction Energy）」**影響。

這個表示夯實程度的土壤特性，我們稱為**「土壤的夯實性（compactibility）」**。

夯實過後的土就像剛才我們吃的飯糰。

比如，從電鍋盛出 100g 的米飯，捏出來的飯糰質量也會是 100g。

也就是說，緊緊捏實後，飯糰、土壤的空隙會受到擠壓，體積會變小，但質量沒有改變。

……啊，我懂了！

雖然空氣有體積但沒有質量，擠壓過後就會跑到外面去了。

擠壓

空氣

再會啦

土

就像這個樣子！

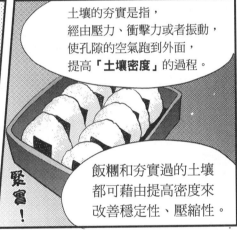

土壤的夯實是指，經由壓力、衝擊力或者振動，使孔隙的空氣跑到外面，提高「土壤密度」的過程。

緊實！

飯糰和夯實過的土壤都可藉由提高密度來改善穩定性、壓縮性。

那麼，我們來以三相的構成比表示「土壤的夯實度（compaction）」吧。

首先，我們先討論濕潤狀態的土壤，也就是由土粒、水、空氣形成的土壤「濕潤密度 ρ_t」[※3]。

※3 下標文字 t 表示三相整體（total）的意思。一般來說，土壤的密度是指「濕潤密度 ρ_t」。

密度，就是用質量除以體積嘛，也就是說……

濕潤密度（Wet Density）：$\rho_t = \dfrac{m}{V}$ $\left(= \dfrac{m_s + m_w}{V} \right)$ ※4 〔g／cm³〕

這樣對吧？

沒錯。就濕潤密度 ρ_t 來說，一般土壤約為 1.4～2.0 g／cm³；富含泥炭等有機物或水分的土壤則約為 0.95～1.2 g／cm³，水的密度 ρ_w（≒1.0 g/cm³）以近似值表示。

然後，表示「土壤狀態」的各量值中，可由土壤試驗直接測得的有「濕潤密度 ρ_t」、「含水量 w」以及「土粒密度 ρ_s」，其他的量值必須以相關公式計算（→p.68）。

嗚……感覺計算不完……

再來是乾燥狀態的土壤，也就是孔隙中沒有水，僅土粒和空氣兩相態組成，這樣的土壤密度稱為「乾燥密度 ρ_d」，下述公式會成立：

乾燥密度（dry density）：$\rho_d = \dfrac{m_s}{V}$ ※5 〔g／cm³〕

乾燥密度 ρ_d 的 d 為 dry（乾燥）的意思，這與其說是乾燥土壤的密度，更接近「土壤的夯實度」。

你剛才說乾燥密度 ρ_d 無法直接從土質試驗求得嘛，這樣的話計算上……

我們來看看能直接測得的濕潤密度 ρ_t 和含水量 w 公式吧。

濕潤密度：

$$\rho_t = \frac{m}{V} = \frac{(m_s + m_w)}{V} = \frac{m_s\left(1 + \dfrac{m_w}{m_s}\right)}{V} = \rho_d\left(1 + \frac{w}{100}\right) \ \text{〔g／cm³〕}$$

乾燥密度：$\rho_d = \dfrac{\rho_t}{\left(1 + \dfrac{w}{100}\right)}$ 〔g／cm³〕

※4 因為空氣質量 m_a≒0，所以濕潤狀態的土壤質量 m 為土粒質量 m_s 加上水的質量 m_w。

※5 因為空氣質量 m_a≒0 且為乾燥土壤，水的質量 m_w＝0，所以土粒質量 m_s 即為乾燥狀態的土壤質量 m。

順便一提，「土壤的夯實度」通常受到乾燥密度 ρ_d 所左右，但依照「粒度」、「含水量」的差異，也會受到空氣孔隙率 v_a 或飽和度 S_r 影響。剛才，砂原說玩砂子的時候，妳會調節水的含量嘛，水的多寡會怎影響土壤呢？

水多的話，土壤會變成黏泥；水少的話，土壤會變成碎塊，兩種狀態都無法使土壤聚在一塊。

剛好可以聚在一塊的含水程度，會因土壤的不同而改變……

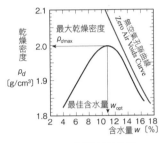

土壤夯實曲線

沒錯！如同妳們由經驗中學到的，土壤有其最適合夯實的含水量，這個值會因土壤而異。若由「壓實的土壤夯實試驗」呈現夯實土的乾燥密度 ρ_d 和含水量 w 的關係圖，會呈現向上凸起的「夯實曲線」（→p.69）。

這個曲線的頂端是乾燥密度 ρ_d 的最大值，表示土壤最為夯實時的密度嘛。

由圖表讀取乾燥密度 ρ_d 最大時的含水量 w，我們可以知道夯實該土壤的最適合含水量 w 嘛。

沒錯！乾燥密度 ρ_d 的最大值為「最大乾燥密度 ρ_{dmax}」，其對應的含水量 w 稱為「最佳含水量 w_{opt}（Optimum Moisture Content）」，這個數值也常作為施工管理的基準。現場的夯實作業如同搓砂球一樣需要下功夫，根據不同的土壤種類，以人力、機械給予最佳的夯實能是非常重要的（→p.68）。再來，在設計、施工上考量土壤重量的時候，我們不會使用質量 m 而會使用重量 W，每單位體積的重量稱為「單位體積重量 γ」，使用方式如下：

濕潤單位體積重量：$\gamma_t = \dfrac{W}{V} = \dfrac{mg}{V} = \rho_t g$ 〔N/m³、kN/m³〕

乾燥單位體積重量：$\gamma_d = \dfrac{W_s}{V} = \dfrac{m_s g}{V} = \rho_d g$ 〔N/m³、kN/m³〕

另外，低於地下水面（→第 3 章）的水中單位體積重量 γ'（γ_{sub}），可由飽和單位體積重量 γ_{sat} 減去浮力（水的單位體積重量 γ_w）來求得。

2.4 土壤的分類

因為這樣，
想要以土壤做為
材料、地盤的話，

我們必須先瞭解
土壤有哪些種類以及
有什麼樣的性質。

但是，自然形成的土壤
分布於各個地方，

無法像鐵、混擬土一樣
分別管理品質。

所以，我們需要遵照
某些規則進行分類，
掌握土壤的大致特性，

在日本，制定了
「地盤材料的工學性質分類方法」
（JGS0051）喔。

這是為了分類
土壤的規則嘛。

前面有說過，依構成土壤
的顆粒大小，可以分為砂
質土、黏性土等等，

難道不能全部都用
粒徑來區分嗎？

妳記得真清楚耶。
豆粒狀、顆粒狀粗粒土
的工學性質，可由粒徑來
大致判斷……

但黏泥狀、濕黏狀的細粒土，
工學性質受到**「含水程度」**影響，
不能僅由粒徑來分類。

晴天

下雨

比如，
雖然含粗粒級較多的砂灘
經常保持相同狀態……

但含細粒級較多的田地會
因**「含水程度」**的不同，
呈現硬梆狀或黏泥狀。

像這樣，
因含水程度的不同，而土壤的狀態、
對抗外力的能力也跟著改變，我們稱
為「**稠度（Consistency）**」。

但是，大多數的土壤都
混合粗粒土和細粒土，
所以我們還需要觀察，
再以粒徑、稠度等的
土質試驗結果來分類。

嗯……
也就是說，粗粒土以粒徑分類，
細粒土以稠度分類嘛。

請問，
稠度……
是什麼樣的概念？

那麼，在詳細說明土壤的
分類方法之前，我們先來
認識細粒土的稠度吧。

黏土等細小土粒的表面
通常帶有負電荷，
會吸引周圍帶正電荷的水分子，
兩者強烈結合在一起。

若細粒土級的單位質量表面積
「**比表面積（specific surface）**」較大，
土粒表面會吸附大量水膜
（吸著水 adsorbed water），「**含水程度**」
會造成土粒介面[6]發生狀態變化，
大幅影響土壤的工學性質。

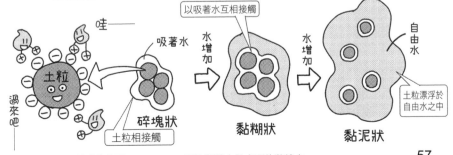

哇——

吸著水

以吸著水互相接觸

水增加

水增加

自由水

土粒

過來吧

碎塊狀

土粒相接觸

黏糊狀

黏泥狀

土粒漂浮於
自由水之中

由此可知，富含黏土成分的細粒土，土粒間透過吸著水相接觸而帶有黏性，稱為黏性土。另一方面，砂子顆粒比黏土顆粒大上好幾十倍，周圍也包覆了吸著水[※8]，但相對於巨大粒徑，微薄的水膜會被破壞，土粒間會直接接觸。含有水的砂子會呈現豆粒狀、顆粒狀，就是因為這個原因，多少有些黏性是來自於自由水的表面張力。

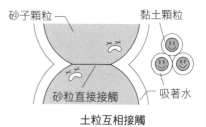

土粒互相接觸

黏泥狀、濕黏狀不是土粒本來的性質，而是吸著水作用下呈現的狀態啊。

因為不同的含水程度，黏土的確會呈現碎塊狀、硬梆狀，這就是稠度啊……。

下圖中，橫軸為含水量 w、縱軸為對應的土壤體積 V，黏性土的狀態變化分成三個區域（限度）。加上吸著水、飽含自由水的黏性土，土粒懸浮於水中，呈現黏泥的液體狀。然後，隨著含水量、自由水的減少，土壤粒子隔著吸著水相接觸，呈現濕黏的塑性狀；含水量再繼續減少，吸著水會變薄，逐漸呈現碎塊的半固體狀。最後完全乾燥，則形成硬梆的固體狀。

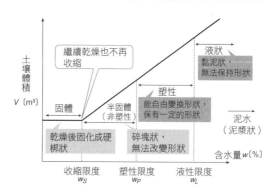

黏土的含水量及形狀

嗯……這跟水的狀態變化沸點、熔點很像……液體狀和塑性狀的臨界含水量 w，稱為「液性限度（Liquid Limit）w_L〔％〕」；塑性狀和半固體狀的稱為「塑性限度（Plastic Limit）w_p〔％〕」；半固體狀和固體狀的稱為「收縮限度（Shrinkage Limit）w_s〔％〕」。

沒錯。這些限度值總稱為「稠度限度（Consistency Limit）」[9]。水是因溫度產生狀態變化，黏性土則是因含水量 w 產生從固體狀到液體狀的狀態變化。

 另外，雖然在此以黏性土為例，但除了黏土、粉土，還含有其他不同比例的土粒，黏性土的稠度限度會因土壤而異。一般來說，含有愈多小粒徑黏土的土壤，液性限度 w_L 會愈大；含有愈多大粒徑粉土、砂粒的土壤，液性限度 w_L 愈小。再來，若黏土的比例愈少，液性限度 w_L 和塑性限度 w_P 的值會愈接近，表示塑性狀的含水量 w 幅度會愈窄。

 也就是說，液性限度 w_L 和塑性限度 w_P 的間距愈大，土壤呈現塑性狀的含水量幅度也就愈大。

 沒錯。我們稱這個幅度為「塑性指數（Plasticity Index）I_P」（塑性指數I_P＝液性限度 w_L －塑性限度 w_P），這個數字愈大保水性愈高，該材料愈能因應含水量的變化。然後，液性限度 w_L 和塑性指數I_P的關係圖，我們稱為「塑性圖（Plasticity Chart）」，運用於細粒土的分類（→p.67）。

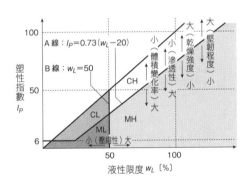

黏性土的分類及性質

 比如，塑性圖上落於 CH、ML 區域的土壤，分別為高液性限度的黏土和低液性限度的粉土，黏土的壓縮性通常和液性限度 w_L 成正比，所以歸納CH的土壤具有高壓縮性。

※9 提倡者為阿太堡（Atterberg），所以又稱為「阿太堡限度（Atterberg Limits）」。

接著，終於要進入土壤的分類了，關於地盤材料的粗粒土和細粒土分類如下：

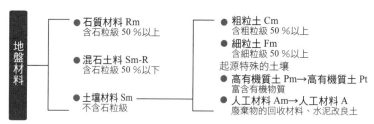

● 石質材料 Rm
含石粒級 50 %以上

● 混石土料 Sm-R
含石粒級 50 %以下

地盤材料

● 土壤材料 Sm
不含石粒級

● 粗粒土 Cm
含粗粒級 50 %以上

● 細粒土 Fm
含細粒級 50 %以上
起源特殊的土壤

● 高有機質土 Pm→高有機質土 Pt
富含有機物質

● 人工材料 Am→人工材料 A
廢棄物的回收材料、水泥改良土

從地盤材料到粗粒土、細粒土的分類

首先，地盤材料Gm依石粒級（大於 75mm）的含有比例，大致分為石質材料 Rm、混石材料Sm-R和土質材料Sm，不含石粒級的土壤材料Sm又依粒徑（土壤試驗測得）和起源（經由觀察），分成粗粒土 Cm、細粒土 Fm、高有機質土Pm和人工材料Am。

接著，我們繼續分類粗粒土和細粒土吧。

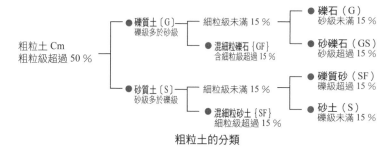

粗粒土 Cm
粗粒級超過 50 %

● 礫質土〔G〕
礫級多於砂級

細粒級未滿 15 %

● 混細粒礫石 {GF}
含細粒級超過 15 %

● 砂質土〔S〕
砂級多於礫級

細粒級未滿 15 %

● 混細粒砂土 {SF}
細粒級超過 15 %

● 礫石（G）
砂級未滿 15 %

● 砂礫石（GS）
砂級超過 15 %

● 礫質砂（SF）
礫級超過 15 %

● 砂土（S）
礫級未滿 15 %

粗粒土的分類

首先，粗粒土依砂級（0.075～2mm）和礫級（2～75mm）的含有比例，大分類為礫質土〔G〕、砂質土〔S〕，接著中分類和小分類是依所含的細粒級（小於 0.075mm）、砂級、礫級的粒徑分布進行分類。

粗粒土的工學性質受粒徑影響，所以大分類、小分類都是根據粒徑。

然後，同理，我們將細粒級、砂級、礫級的含有比例做成三角座標，綜合判斷粗粒土的中分類、小分類。

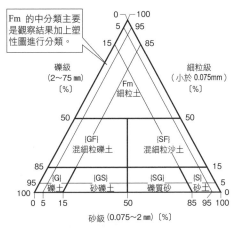

Fm 的中分類主要是觀察結果加上塑性圖進行分類。

礫級
（2～75 mm）
〔%〕

細粒級
（小於 0.075mm）
〔%〕

Fm
細粒土

{GF}
混細粒礫土

{SF}
混細粒沙土

{G}
礫土

{GS}
砂礫土

{SG}
礫質砂

{S}
砂土

砂級（0.075～2 mm）〔%〕

中分類的三角座標

接下來，細粒土的大分類是依細粒級的含有比例、色調等觀察結果，加上地質背景分成黏性土〔Cs〕、有機質土〔O〕、火山灰土（volcanic ash soil）〔V〕，中分類和小分類是依塑性圖、稠度限度（液性限度 w_L、塑性指數 I_P），如下表分類：

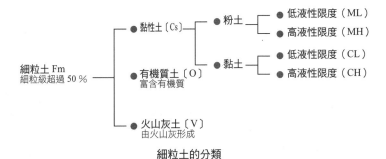

細粒土 Fm
細粒級超過 50 %

● 黏性土〔Cs〕

　● 粉土
　　　● 低液性限度（ML）
　　　● 高液性限度（MH）

　● 黏土
　　　● 低液性限度（CL）
　　　● 高液性限度（CH）

● 有機質土〔O〕
富含有機質

● 火山灰土〔V〕
由火山灰形成

細粒土的分類

細粒土的工學性質，除了受到粒徑影響，也會受到土粒的起源、物理性質和化學性質的影響，大分類是依據粒徑、觀察來分類，中分類和小分類是依據稠度來分類嘛。

的確如此。以自然物土壤作為材料、地盤的土木技師，經由調查、試驗、計畫、設計、施工等各個階段，使用分類來共同了解土壤資料，認識工學性質，展開施工工程。那麼，我想妳們已經了解土壤的分類，就把這張分類表貼在冰箱上隨時複習吧。

  蛤～？

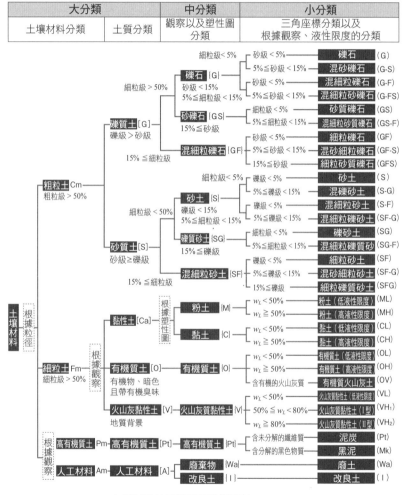

大分類		中分類	小分類
土壤材料分類	土質分類	觀察以及塑性圖分類	三角座標分類以及根據觀察、液性限度的分類

土壤材料的工學性質分類系統

嗯——
重新活過來了！

這是我第一次爬山，
感覺心情好舒暢耶。

咦？
土門學長呢？

登山口

其實，即便沒有土壤之眼
或眼鏡……你們也可
由瞭解土壤結構來掌握
土壤的概念……

不絕

滔滔

然後，土壤狀態以孔隙量、含水程
度、空氣含量來表示。接著，土壤
的夯實度以滲透性、穩定性、壓縮
性來表示。再來，土壤強度……

哎？
砂原？岩下？

嗯……
這裡是哪裡？

我該不會
……迷路了？

不好了……

喔！那裡有
「頁岩」！

衝啊！

☐ 土壤含水量試驗（相關規格：JIS A 1203 ※ 11、JGS 0121）

（1）試驗目的及概要：

「土壤含水量試驗」是，使用乾燥爐（110 ± 5℃）或者微波爐測量土壤乾燥前後的質量變化，以 $w = m_w/m_s \times 100$ 計算土壤的含水量 w〔%〕。

（2）試驗器具及步驟：

容器質量 m_c〔g〕　（試料＋容器）質量 m_a〔g〕　以溫度 110±5℃乾燥　冷卻至室溫　（乾燥試料＋容器）質量 m_b〔g〕

①測量蒸發皿的質量（容器）m_c〔g〕

②測量裝入試料後的質量（試料＋容器）m_a〔g〕

③將容器連同試料放入乾燥爐或者微波爐，乾燥至質量不再變化。

④將試料放入乾燥器中冷卻至室溫，測量乾燥質量（乾燥試料＋容器）m_b〔g〕。

（3）試驗結果：

$$w = \frac{m_a - m_b}{m_b - m_c} \times 100 〔\%〕$$

> 自然狀態下土壤的工學性質，會因含水量而產生變化。因此，在表示土壤狀態的各種數值中，含水量可說是最為基本的。在土木工程的施工條件中，含水量是必須掌握的要素。

☐ 土粒密度試驗（相關規格：JIS A 1202、JGS 0111）

（1）試驗目的及概要：

「土粒密度試驗」是，將土粒的質量 m_s 換成土壤的乾燥質量、土粒的體積 V_s 換成同體積的水質量來測量，以 $\rho_s = m_s/V_s$ 計算土粒的密度 ρ_s〔g/cm^3〕。

（2）試驗器具及步驟：

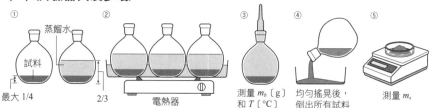

試料　蒸餾水　最大 1/4　2/3　電熱器　測量 m_b〔g〕和 T〔℃〕　均勻搖晃後，倒出所有試料　測量 m_s

※ 11 由 JIS（日本工業標準）訂定的規格標準編號。

①在比重瓶中裝入 1/4 的試料，再加入蒸餾水至 2/3 左右。

②隔水加熱並不時搖晃，充分去除氣泡後放置，待試料降為室溫。

③將比重瓶加滿蒸餾水，測量全體質量 m_b〔g〕和內容物的溫度 T〔℃〕。

④將試料全部倒入蒸發皿，以乾燥爐（110±5℃）乾燥至質量不再變化。

⑤將乾燥後的試料放入乾燥器中冷卻至室溫，測量試料的乾燥質量 m_s〔g〕。

（3）試驗結果：

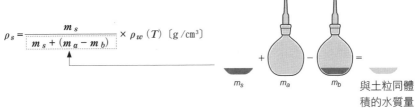

$$\rho_s = \frac{m_s}{m_s + (m_a - m_b)} \times \rho_w(T) \ \text{〔g/cm}^3\text{〕}$$

m_s　　　　m_a　　　　m_b　　　與土粒同體
　　　　　　　　　　　　　　　　　　積的水質量

m_a：在 T〔℃〕，比重瓶裝滿蒸餾水的質量〔g〕

$\rho_w(T)$：在 T〔℃〕，蒸餾水的密度〔g/cm³〕

> 分母表示和土粒部分同體積的水質量，除以 T〔℃〕時的蒸餾水密度 $\rho_w(T)$，
> 即為土粒體積 V_s。

☐ 土壤濕潤密度試驗（相關規格：JIS A 1225、JGS 0191）

（1）試驗目的及概要：

「土壤濕潤密度試驗」是，直接測量土壤的總質量 m 和總體積 V，以 $\rho_t = m/V$ 計算土壤的濕潤密度 ρ_t〔g/cm³〕。測量體積 V 的方法有「游標尺法（vernier method）」和「石蠟法（paraffin method）」兩種，此段說明游標尺法。

（2）試驗器具及步驟：

①將未擾動試料製成樣本，測量質量 m〔g〕。

②測量樣本的平均直徑 D〔cm〕和平均高度 H〔cm〕。

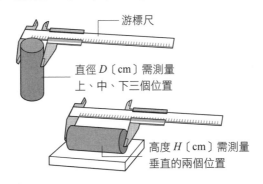

游標尺

直徑 D〔cm〕需測量
上、中、下三個位置

高度 H〔cm〕需測量
垂直的兩個位置

③採取製作時的削屑,測量含水量 w〔%〕。

(3)試驗結果:
　　由下述公式求體積 V〔cm³〕,根據定義計算土壤的濕潤密度 ρ_t〔g/cm³〕。

$$V = \frac{\pi}{4} D^2 H \ \text{〔cm}^3\text{〕}$$

> 計算得到濕潤密度 ρ_t 之後,可從試料含水量 w 推求土壤乾燥密度 ρ_d,再從土粒密度 ρ_s 推求孔隙比 e 和飽和度 S_r。

☐ 土壤粒徑試驗(相關規格 JIS A 1204、JGS 0131)

(1)試驗目的及概要:
　　「土壤粒徑試驗」是,由粒徑累積曲線(grain size accumulation curve)進一步求得土壤粒徑(各種粒徑分布狀態)的試驗。以粒徑未滿 75mm 的試料為試驗對象,細粒級由「沉降分析(sedimentation analysis)」測量、粗粒級由「過篩分析(sieve analysis)」測量。

(2)試驗儀器及步驟:
　　依照下列步驟,實行土壤的粒徑試驗。沉降分析是,假定球體直徑會影響沉降速度,稱為「史托克斯定律(Stokes' Law)」可推求土粒的粒徑,由「比重計理論」可推求通過質量百分率。

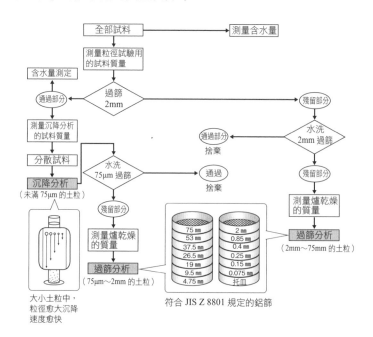

（3）試驗結果：

作圖以通過質量百分率〔％〕為縱軸、以粒徑〔mm〕對數值為橫軸，製作粒徑累積曲線圖。由土壤的粒徑累積曲線圖，我們可以清楚看見土粒粒徑的分布範圍，如下圖中的①為富含細粒級的土壤；②為範圍分布狹小、夯實性差的土壤；③為範圍分布廣泛、夯實性佳的土壤等，我們可以這樣判斷土壤的特性。

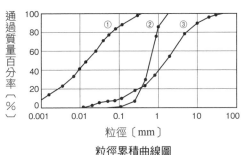

粒徑累積曲線圖

☐ 土壤液性限度、塑性限度試驗（相關規格：**JIS A 1205、JGS 0141**）

（1）試驗目的及概要：

「土壤液性限度、塑性限度試驗」是，測量土壤稠度限度的「液性限度 w_L」和「塑性限度 w_P」，計算土壤在塑性狀態下的含水量變化為「塑性指數 I_P」。

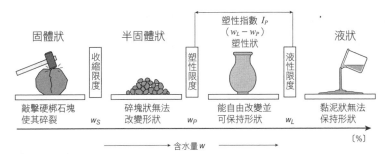

（2）試驗儀器及步驟：

液性限度試驗：將試料置入黃銅皿，以刮刀於中央劃一溝槽，將試料分為二半，再使黃銅皿傾斜並自由落下（1cm）25 次，直到溝槽底部恰巧閉合，求含水量 w。

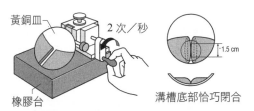

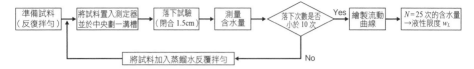

塑性限度試驗：取一部分液性限度試驗用的試料，以手掌搓揉成細繩狀，直徑變為 3mm 時切成小塊，求其含水量 w。

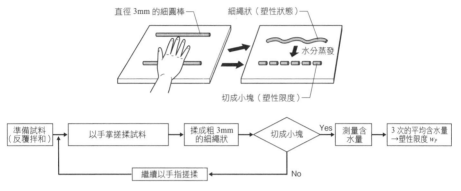

（3）試驗結果：

此試驗結果可用於細粒土的塑性圖分類，掌握其物理性質、推測黏性土的力學性質，以及判斷是否適合作為填土、鋪路材料。

□ 壓實土壤夯實試驗（相關規格：JIS A 1210、JGS 0711）

（1）試驗目的及概要：

「壓實土壤夯實試驗」是，改變土壤的含水量 w，在變動條件下壓實土壤，計算夯實最大乾燥度（ρ_{dmax}）的最佳含水量（w_{opt}）。在施工現場夯實土壤的時候，可由夯實試驗掌握土壤的夯實性，進而擬定適當的施工計劃。

（2）試驗器具及步驟：

依上述步驟進行壓實土壤的夯實試驗，試驗方法由夯土機（rammer）、鑄模（mold）大小，以及夯實次數，分成A～E五類，依試料的準備方式分成a～c三種，根據土壤結構物、土壤種類、粒徑等不同組合條件，進行試驗。

（3）試驗結果：

此試驗結果可用於掌握土壤的夯實性，同時也可以決定現場施工的含水量以及施工管理基準的密度。

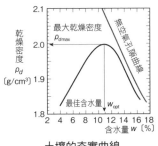

土壤的夯實曲線

□ 土壤的夯實方法

道路鋪路、道路路床、路盤、河川、海岸堤防的建構、結構物的背填與回填等等，都需要夯實土壤，增加強度、減低壓縮性，以便提高穩定性。工地現場的土壤夯實作業，有人力夯實、小型機械夯實、大型機械夯實等各種不同的方法，夯實過的土壤性質除了因土壤的種類而異之外，相同的土壤也會因夯實能的種類（動能、靜能）與大小、夯實時的含水量而不同。

一般來說，夯實能過小會無法得到預期的效果，不適合作為地盤或工程材料；相反地，夯實能大也有可能效果不佳，比如夯實含水量較高的黏性土，反覆壓實過程可能伴隨剪切破壞（shear failure），造成土壤強度下降，這個現象稱為「過度夯實（over-compaction）」。

震動滾壓機（平滑滾輪）

複合滾壓機

二軸三輪滾壓機

金剛石滾壓機

（照片提供：KANEKO Corporation）

□ 表示土壤狀態的量值

【例題】

對某土壤試料進行濕潤密度試驗，樣本的體積 V 為 70.65cm³、質量 m 為 125.93g、乾燥質量（m_s）為 98.35g。另外，由土粒的密度試驗得知 $\rho_s = 2.670$ g／cm³。試求土壤試料的含水量 w、濕潤密度 ρ_t、乾燥密度 ρ_d、孔隙比 e、孔隙率 n、飽和度 S_r。

〈思考途徑〉表示土壤狀態的量值，一般可由下述的步驟求得。

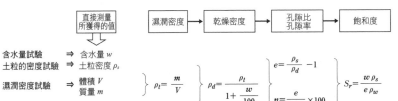

直接測量所獲得的值　濕潤密度　→　乾燥密度　→　孔隙比　孔隙率　→　飽和度

含水量試驗 ⇒ 含水量 w
土粒的密度試驗 ⇒ 土粒密度 ρ_s
濕潤密度試驗 ⇒ 體積 V 質量 m

$$\rho_t = \frac{m}{V}$$

$$\rho_d = \frac{\rho_t}{1+\dfrac{w}{100}}$$

$$e = \frac{\rho_s}{\rho_d} - 1$$

$$n = \frac{e}{1+e} \times 100$$

$$S_r = \frac{w\,\rho_s}{e\,\rho_w}$$

69

能由土壤試驗直接測得的有含水量 w、土粒密度 ρ_s、濕潤密度 ρ_t，其他量值需要將上述三數值代入各公式進一步求得。

【解答】

含水量 w： $w = \dfrac{m_w}{m_s} \times 100 = \dfrac{m - m_s}{m_s} \times 100 = \dfrac{125.93 - 98.35}{98.35} \times 100 = 28.0\ \%$

濕潤密度 ρ_t： $\rho_t = \dfrac{m}{V} = \dfrac{125.93}{70.65} = 1.782\ \text{g} / \text{cm}^3$

乾燥密度 ρ_d： $\rho_d = \dfrac{m_s}{V} = \dfrac{98.35}{70.65} = 1.392\ \text{g} / \text{cm}^3$

（或是由含水量 w 與濕潤密度 ρ_t 推求…… $\rho_d = \dfrac{\rho_t}{1 + \dfrac{w}{100}} = \dfrac{1.7821}{1 + \dfrac{28.0}{100}} = 1.392\ \text{g} / \text{cm}^3$

孔隙比 e： $e = \dfrac{V - V_s}{V_s} = \dfrac{V}{V_s} - 1 = \dfrac{V}{\dfrac{m_s}{\rho_s}} - 1 = \dfrac{\rho_s}{\dfrac{m_s}{V}} - 1 = \dfrac{\rho_s}{\rho_d} - 1 = \dfrac{2.670}{1.392} - 1 = 0.918$

孔隙率 n： $n = \dfrac{V_v}{V_s + V_v} \times 100 = \dfrac{\dfrac{V_v}{V_s}}{1 + \dfrac{V_v}{V_s}} \times 100 = \dfrac{e}{1 + e} \times 100 = \dfrac{0.918}{1 + 0.918} \times 100 = 47.9\ \%$

飽和度 S_r： $S_r = \dfrac{\dfrac{V_w}{V_s}}{\dfrac{V_v}{V_s}} \times 100 = \dfrac{\dfrac{m_w}{\rho_w} \Big/ \dfrac{m_s}{\rho_s}}{e} \times 100 = \dfrac{\dfrac{m_w}{m_s}}{e\,\rho_w} \times 100\ \rho_s = \dfrac{w \rho_s}{e \rho_w} = \dfrac{28.0 \times 2.670}{0.918 \times 1}$

$= 81.4\ \%$

〈參考〉

計算孔隙率和飽和度時，可以利用 $1/V_s$ 模型幫助推導。

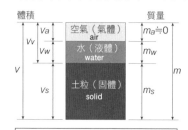

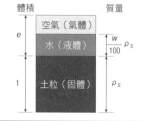

體積		質量
	空氣（氣體）air	$m_a \fallingdotseq 0$
	水（液體）water	m_w
	土粒（固體）solid	m_s

這是表示土壤結構、各量值定義的基本模型，可確認土壤試驗中含水量 w、土粒密度 ρ_s、濕潤密度 ρ_t 的相關公式。

基本模型

這是將基本模型的各要素，乘以 $1/V_s$，適用於推導孔隙率 n、飽和度 S_r 等相關公式。水的密度為 1 時，孔隙水體積＝質量。

$1/V_s$ 模型

第 3 章

土壤中的水

那麼，
妳們先試著
挖沙灘吧。

好的～

啊！
明明表面是乾燥的，
一下子變得潮濕……

咦！
有水漏出來了！

嗯？
沙子一挖就會崩塌……

嗯。那沒有什麼。
不過妳在挖洞的時候，
要多注意一下附近喔。

而且，
土壤中的水也會
影響工程建設，

對不起～～

所以，
事前必須考量適當的
截水、排水對策。

土壤中的水是從哪裡、怎麼來的？又流向哪裡？

雨水、雪水從河川流向大海，蒸發後的水分再次變為雨水……我想大家都很清楚水的循環。

但是，地下水在土壤中怎麼流動？我想很多人都不曉得吧。

降至地表的雨水、雪水，稱為「地表水（surface water）」，在地表上流動；

土壤中的水，也就是「土壤水（soil water）」，在土壤中流動。水在循環過程會流經各種路徑。

降雨　降雪　積雪　融解　滲入地底　湖沼　地下水　大海　蒸發

滲入地底的水經過孔隙含有空氣的「不飽和層（透氣層）」，最後到達孔隙充滿水的「飽和層」，成為「地下水」補注※1。

地表　往飽和層　不飽和層　地下水面　飽和層　往大海

也就是說，地下水具有「地下水面」。

低於地下水面的土壤水，我們稱作「地下水」。

那麼，我挖出來的洞，這邊是地下水、這邊是地下水面？

原地下水面

不飽和層和飽和層的交界面就是地下水面……

原地下水面

※1 雨水等水源，經由滲透成為地下水儲存的過程，稱為「補注（recharge）」。

74

渗入土壤中的土壤水，有：吸附土粒表面的**「吸著水」**、

因表面張力而停留在細微孔隙的**「毛細管水」**，

以及能穿梭於較大孔隙間的**「自由水」**。

低於地下水面、流動於孔隙的自由水也有人稱為**「孔隙水」**，以與吸著水區分。

吸著水

自由水（重力水）

毛細管水

地下水面

土粒

地下水

不飽和領域

飽和領域

土壤水的存在形態

提問！

地下水面通常有多深？

地下水面的深度稱為**「地下水位」**※2 和所在地點有關……

有極為接近地表的，也有深度超過 1000m 的地下水面。

一般都市地區大多深 5m 左右，超過 20m 的例子非常罕見。

地下水面與河川、大海的水面相連接，

這也可以作為地下水面深度的推斷依據。

※2 地下水面是指飽和層的上部邊界；地下水位是距某標準面的深度，與地下水儲存的位能有關。

所以說，
比地下水面更深的土壤
一定處於飽和狀態，

但比地下水面淺的土壤
有可能是飽和狀態。

在水面上也
會飽和……？

在地下水面上的，
不是不飽和層嗎……？

舉例來說吧，
妳們想像一下
將海綿浸到水裡，

毛細管水

毛細管飽和帶

只看海綿，海綿吸了水，
水面看起來上升了，

但其實水面依然
在原來的位置。

所以說，土壤也一
樣會吸水上來嗎？

如下圖，
水面附近的小孔隙
因水的表面張力※3 呈現飽和的現象，
我們稱為「**毛細管現象**」，

影響的範圍稱為
「**毛細管飽和帶**」。

地表

靠表面張力升上去——

不飽和水帶

毛細管現象

毛細管飽和帶

地下水面

飽和水帶

與其說吸上來嘛……
應該說是水自己
升上去的。

※3 液體表面為了獲得最小面積，表面分
子受內部拉引的單位長度邊界能量。

3.2 地下水的流動

沒錯。水容易滲入土壤的程度，稱為「滲透性」，與地滑、堤防崩塌、地層沉陷等問題有密切關係，是很重要的性質。那麼，妳們覺得什麼樣的土壤滲透性高呢？

 沙灘的粒徑應該比山上的土粒來得大……

 土壤中有孔隙形成水流動的通道……所以是孔隙較大的土壤？

 嗯，想法不錯。愈多大土粒、大孔隙的土壤，滲透性會愈高。根據滲透性，地層大致分為三種。

不透水層	難透水層	透水層
不產生龜裂，由細緻的火成岩、變質岩所構成，水不易滲透的地層。	以廣範圍或長期來看，有助於地下水的補注、流動的黏土層、壤土層（loam）、頁岩等所構成的地層。	由滲透性佳且未固結礫層、砂岩和容易龜裂火山岩等所構成的地層。

 再來，透水層飽和的範圍稱為「含水層（aquifer）」，依壓力狀態還可以分為「不受壓含水層（unconfined aquifer）」、「受壓含水層（confined aquifer）」、「滲漏含水層（leaky aquifer）」。

 拜託一下，一次出現這麼多專業名詞，我們哪吸收得了。

 嗯……這邊要注意的是壓力狀態……比如，地盤由上而下是含水層-不透水層-含水層-不透水層-含水層……穿插構成……

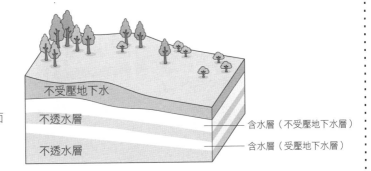

不受壓地下水

地下水面

不透水層

不透水層

含水層（不受壓地下水層）

含水層（受壓地下水層）

地下結構（含水層與不透水層）

 （吐司、火腿、吐司、火腿……滲透性就像是三明治的結構嘛……）

這個時候，最上方含水層的地下水面，透過不飽和層與大氣相連，所以壓力狀態幾乎等於大氣壓。如同這樣，沒有受到多餘壓力的含水層，稱為「不受壓含水層」，而在其中流動的地下水稱為「不受壓地下水」。

 再來，不受壓含水層可經由滲透水直接補注，地下水位會依含水層的厚度而變化。這樣的水面稱為「自由水面」，而地下水稱為「自由地下水」。

 另一方面，夾在不透水層之間較深的含水層，沒有地下水面，如同自來水管受到壓力的含水層，稱為「受壓含水層」，在其中流動的地下水稱為「受壓地下水」。

 含水層根據壓力狀態，分為不受壓與受壓……那滲漏含水層是什麼？

 滲漏含水層是，受壓地下水由不透水層龜裂等地方漏到其他含水層，根據漏水的狀況，周圍的壓力狀態也會有變化。

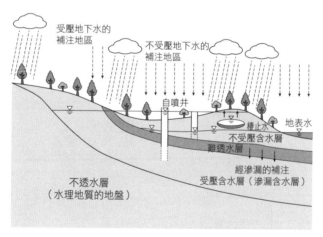

地下水的補注、滲透與含水層

我們就先下海玩一下囉。

那麼，岩下，妳能在這裡挖個井嗎？

哈？

5分鐘後

這樣就可以了吧？

是的，妳的手腳真是俐落……

為什麼要妳挖井呢？

因為我想要說，水井有：挖到不受壓含水層的「淺井（shallow well）」，和挖到受壓含水層的「深井（deep well）」。

首先，我們先來說淺井的水面吧。

水井

不受壓含水層

不透水層

受壓含水層

不受壓含水層有水面，

不受壓地下水和大氣壓幾乎是相同的壓力狀態嘛。

嗯……感覺就像是吸管插到杯裝果汁裡？

比喻得不錯。挖到不受壓含水層的淺井，出現的水面和地下水面的位置幾乎相同。

差不多可以把我挖出來了吧？

呃……算了。另一方面，深井的水面又是如何呢？

因為受壓含水層夾在不透水層之間，累積了壓力……

感覺就像是擠壓插著吸管的鋁箔包果汁嗎？

噗咻！

啊噗！

深井的的水面一般高於受壓含水層，

在壓力特別高的時候，水面會高於地表，也就是地下水會噴出地表，

地表

▼ 地下水面

自噴井

不受壓地下水
不透水層
受壓地下水
不透水層

這就是「自噴井」。

就是那樣的感覺。

地下水給人默默流動的印象，

但其實受含水層的壓力，確實累積了能量嘛。

沒錯！想要瞭解無法直接觀察的地下水流動，

我們需要掌握地下水潛在儲存的「潛能（Potential Energy）」※4。

所以，為了讓我也能發揮潛能，可以把我挖出來嗎……？

至少手伸出來吧。

※4 在地底下某位置的地下水帶有能量的狀態，稱為地下水潛能。在土壤力學中，位能（位置水頭 Position Head）和壓力能（壓力水頭 Pressure Head）統稱為潛能（總水頭 Total Head）。（水力學則稱為側壓管水頭 Piezometric Head）。

那麼，
地下水……

是由哪裡流來？
又流向哪裡呢？

流向哪裡？
受到重力影響而
往低處流……

但是，自噴井是
由下往上噴發嘛。

咻！

啊——
和壓力的高低
也有關係！

也就是說，地下水受到
位置和壓力的影響，往
能量低處流動？

正確！
位置形成的能量稱為**「位置水頭」**，
壓力形成的能量稱為**「壓力水頭」**，
兩者合稱為**「總水頭」**，
以水柱高來表示。

總水頭原本應該是
位置水頭、壓力水頭，
還要加上速度水頭，

但地下水的速度水頭
小到可以忽略，所以
土壤力學不討論速度水頭。

地下水
儲存的力量大小可用
水柱的高低表示……

咻

這……

啊！
就像是鋁箔包
的水面嘛！

咻！

妳噴到
我了喔

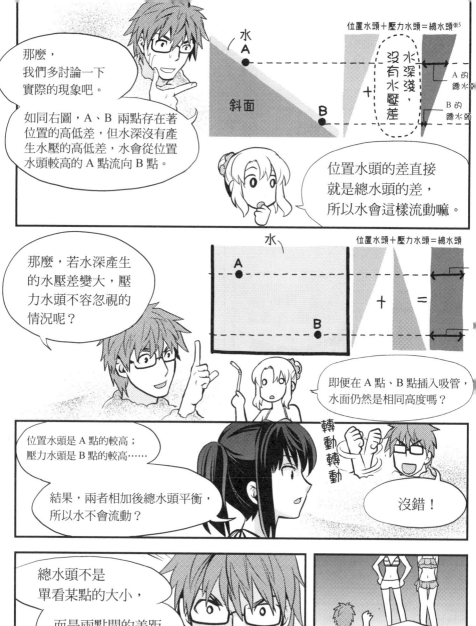

※5 不需要考慮速度水頭。壓力水頭即為靜水壓（hydrostatic pressure）。

3.3 土壤的滲透性

因為這樣，地下水是藉由位置和壓力的高低差來流動的，

天地萬物都是往能量平衡在變化。

曬黑的地方好像很奇怪

位置 高

低

氣壓 高

低

球是由於位置，風是由於壓力（氣壓）的高低差……

這樣地下水會不會哪天因能量平衡而不流動了？

不會……地球上，藉由降雨、蒸發等現象，平衡狀態總是會被打破，所以地下水會持續流動。

接著我們來看土壤的滲透性，討論地下水滲入土壤的速度（流速）和量（流量）吧。

啪！啪！啪！

首先，令某兩點間的總水頭 E 差為「水頭差 h」，A、B 中間夾著不透水層，試比較總水頭 E_A、E_B。

位置水頭是指標準面到對象地點的高度 z。

總水頭 $E = z + \dfrac{u}{\gamma_w}$

地下水面

水頭差 h

H_A

A

H_B

E_A E_B

z_A

z_B

B

自由水層

不透水層

受壓含水層

標準面

= 地表

= 水面

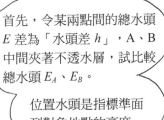

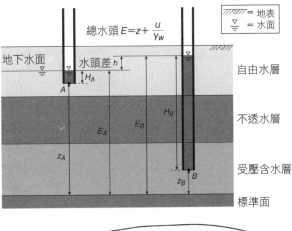

壓力水頭是，以對象地點出現的水柱水壓（$u = \gamma_w \cdot H$），改成 $H = u/\gamma_w$ 來計算高度。

※6 地下水滲入地盤時的流動速度。

由於地下水的流動會受到水頭差 h 對應的滲透長 L〔cm、m〕影響，左右流速 v 的傾斜程度，我們稱為「水力梯度 i（Hydraulic Gradient）」（$=h/L$）。這裡需要注意的是，滲透長 L 不是指兩點間的水平距離，而是地下水在土壤中的滲透距離。

 推動水流動的傾斜程度，所以叫作水力梯度 i 啊。

 對。推動水流動的愛（i）之力量！

 ……那麼，地下水的流速 v 實際上有多快呢？

 一天從數cm到數百m都有，平均約為 1m／day 吧。但是，不是所有孔隙的大小都一樣，地下水會流經各種路徑，土壤的某截面混雜不同流速（孔隙流速）的滲透流。然而，這個變化複雜，想要各別掌握是不可能的任務，所以我們會將對象截面整體的孔隙流速平均，改以「流量（flux）」來討論水流的動動。

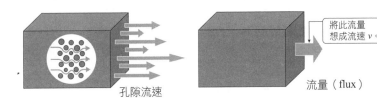

孔隙流速   流量（flux）

將此流量想成流速 v。

 平均截面的速度 v……該怎麼做？

 法國水利工程師達西（Darcy）發現了，在滲透係數（hydraulic conductivity）k 土壤中的地下水流速 v 與水力梯度 i 成正比：

流速 v＝滲透係數 k ×水力梯度 i〔cm／sec、m／day〕

（達西定律）

 在滲透係數 k 的土壤中？

那麼，我們再用土壤之眼，觀察土壤水的通道（滲透面積）吧。

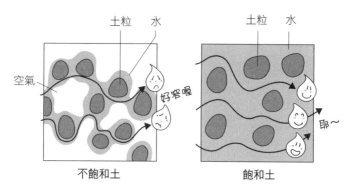

不飽和土　　　　　　　　　　飽和土

土壤水要避開土粒穿梭孔隙呀。

不飽和土中的空氣也會阻礙土壤水的移動啊。

沒錯。飽和狀態時的土壤滲透面積最大，滲透性也最佳。
「滲透係數 k」〔m/s〕是表示土壤滲透性好壞的係數，依土壤的種類大致可以分為以下範圍：

土壤種類及滲透係數 k 的指標

滲透係數〔m/s〕	10^{-11} 10^{-10} 10^{-9}	10^{-8} 10^{-7}	10^{-6} 10^{-5}	10^{-4} 10^{-3} 10^{-2} 10^{-1} 10^{0}
	實質土不滲透性	非常低	低	中等　　　　　　高
	黏性土	微細砂、粉土、混合土（砂、粉、黏性土）		砂土、礫土　　純礫土

礫土 10 的 0 次方，到黏土 10 的 −11 次方，滲透係數 k 會因土壤不同，差別這麼大耶！

沒錯。土壤的滲透性是以滲透係數 k 多少次方來判斷，流速 v（$=k \cdot i$）也會因滲透係數 k 的大小而相差懸殊。
再來，滲透係數 k 與水的密度 γ_w 成正比、與黏性係數 μ[※7] 成反比，同時也受土壤密度、孔隙比、飽和度、孔隙形狀及排列等影響……。

　※7 表示黏性程度隨溫度變化的係數。

哎！這樣要怎求滲透係數 k 啊？

滲透係數 k 可由「室內滲透試驗」、「現場滲透試驗」直接測得（→p.95）。

既然從土壤的種類可以知道滲透係數 k 的範圍，所以粒度應該也可以求得吧。

沒錯！赫曾（Hazen）發現了有效粒徑 D_{10}[※8] 和滲透係數 k 滿足下述的關係式：

滲透係數 $k = C \cdot D_{10}{}^2 \cdot 10^{-2}$ 〔m/s〕（赫曾公式）

式中，C 為表示砂子粒度、夯實程度的「赫曾比例常數」，疏鬆的砂土約為 120、夯實良好的砂土約為 70，但我們大多都令 $C = 100$。

再來，有效粒徑 D_{10} 是由粒徑累積曲線（→p.67）讀取通過質量百分比 10％ 的篩網孔徑〔cm〕，這是對土壤滲透性有效的粒徑，所以稱為「有效粒徑 D_{10}」。

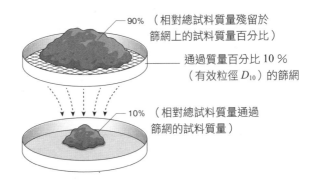

90%（相對總試料質量殘留於篩網上的試料質量百分比）

通過質量百分比 10％（有效粒徑 D_{10}）的篩網

10%（相對總試料質量通過篩網的試料質量）

通過質量百分比和有效粒徑 D_{10} 的示意圖

啊——！有效粒徑 D_{10} 愈大，地下水能流動的孔隙也就愈大，所以水容易滲透嘛！

※8 過篩土壤質量為 10％ 時的篩網孔徑大小，即為有效粒徑 D_{10}（→第 2 章）。

3.4 滲透流量的求法

那麼，
我們以流速 v 來求地下水
截面積 A 的滲透流量 Q[9]
〔cm³／sec、m³／day〕吧。

嗯……滲透流量 Q 是，
地下水在單位時間內
通過某截面積的量……

所以，滲透流量 $Q=$
滲透截面積 A × 流速 v ？

正確！

由達西定律
（$v=k\cdot i$），我們可
以推得下面的關係式。

滲透流量 $Q=A\cdot v=A\cdot k\cdot i=A\cdot k\cdot(h/L)$ 〔cm³/sec、m³/day〕

因為滲透流量 Q 也和流速 v 有關係，
所以也會受滲透係數 k 和水力梯度 i
影響……

地盤內的滲透截面積 A
該怎麼求得？

※9 指單位時間內通過某截面的水體積，也可以稱為流量或者滲透量。

透水層夾在不透水層
之間的情況，
由於滲透截面積 A 幾乎固定，
所以能夠直接測量……

不透水層

透水層

截面積

不透水層

若地盤內有結構物、截水牆
（cut-off wall），地下水滲透
需繞過這些阻礙，

滲透截面積 A 會產生變化，
無法直接套用
滲透流量 Q 的公式。

這個時候，
我們會利用「**流線網
（flow net）**」來討論。

流線網？

流線網是，
由表示滲透流路徑的「**流線**」，
和流線上總水頭相同的點連結成
「**等勢能線（equipotential line）**」
形成的網眼狀圖形。

地表水

流線

透水層

滲透流

不透水層

等勢能線

流線網

等勢能線……？

等位線可以想成是等高線。在等高線上，水如何從山頂流到山腳呢？

從高處往低處流……不繞遠路，直接跨越等高線流下來。

沒錯。山頂上的雨水，以垂直等高線，也就是以位置高低差的最短距離，貫穿流下來。

在流線網中，等位線和流線也是同樣的關係。
作圖流線網的方法有「數學分析法」、「模型實驗觀察法」、「手繪描述法」三種方法。

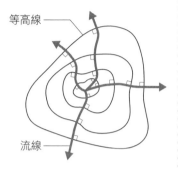

垂直於等高線的水流動

可以的話，能不能不做數學分析……

其中，數學分析法是列出方程式，給予適當的邊界條件來分析。雖然相較之下缺乏實用性，但模型實驗觀察法的程序較為複雜，花費也非同小可。

所以，參考過去的實際成果，再依流線網特性手繪描述的「圖式解法」（圖解法），比較受到廣泛運用（→p.100）。
不管是哪種方法，在作圖流線網的時候，都是以下述的特性為前提：

【流線網的特性】：
· 地表水與地盤連接的邊界為等位線，與流線群垂直相交。
· 不透水面與地盤連接的邊界為流線，與等位線群垂直相交。
· 地盤內、土壤結構物內的地下水面（自由水面）為流線，總水頭等同位置水頭。
· 分割兩流線之間區域（流管）各網眼，其流管的流量皆相同。
· 兩流線之間的流管，其流量皆相同。
· 兩等位線之間分割的流管內各網眼，其失去的水頭（損失水頭）皆相同。

現在想像一下流線網，等勢能線的間隔愈寬、滲透長 L 愈長的網眼，水力梯度 $i(=h/L)$、流速 $v(=ki)$ 會是如何呢？

嗯……滲透長 L 愈長、水力梯度 i 愈小……所以速度 v 會變得緩慢？

啊，感覺跟等高線圖、等壓線圖感覺很像！

沒錯。就能量的觀點來看，等高線相當於位能的等同線，等壓線相當於壓力能的等同線，所以等位線可以說是結合位置和壓力兩者的等高線。因此，在流線網上，網眼愈小，流速 v 愈快；網眼愈大，流速 v 愈慢，我們可由圖形大致掌握滲透流的樣貌。

那麼，根據流線圖的特性，我們來求滲透截面 A 不固定的滲透流量 Q 吧。首先，在繪製的流線圖中，令兩流線間的帶狀區域（流管）數目為流管數（流槽數）N_f，流管被等位線切割的數目為分割數 N_d，下圖為 $N_f=4$、$N_d=8$，這個 N_f、N_d 稱為形狀係數（shape factor），可直接從流線網讀取。

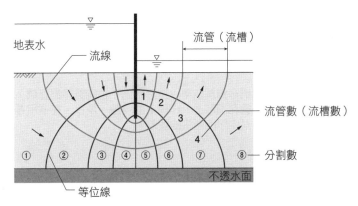

由流線網讀取 N_f 與 N_d

接著，假定流線網的網眼皆為正方形，根據滲透流量 $Q=A \cdot k \cdot (h/L)$ 和流線網的特性，我們來討論單一網眼中的水力梯度 $i=h/L$。首先，將板樁（sheet pile）左側到右側的總水頭差 h 以水頭的分割數 N_d 等分，則每通過單一網眼失去的水頭為 h/N_d。

接著，將網眼的一邊為 a 代入滲透長 L，則各網眼的水力梯度 i 會為 $i=(h/N_d)/a$，單一網眼的單位幅度（縱深），也就是截面積 $A=a \times 1$ 的滲透流量 q 會是：

$$q=Aki=Ak\frac{h}{l}=k\frac{h}{N_d}\times\frac{1}{a}\times a\times 1=k\frac{h}{N_d}$$

再來，滲透流量 q 表示了兩流線間一條流管的平均滲透流量，所以總流量 Q 相當於流管數的 N_f 倍：

$$Q=q\times N_f=kh\frac{N_f}{N_d}$$

所以說，對均值等向性的地盤來說，將測量出來的滲透係數 k、水頭差 h，以及從流線網上讀取的 N_f 和 N_d 代入這個式子之中，我們就可以求得滲透流量 Q（→p.101）。

流線網是很便利，但這正確嗎？

的確，流線網等圖解法可以直接看到，也能夠掌握整體，是非常有效的解析法，但難免會有讀取上、作圖上的誤差。所以，在運用這些資料的時候，我們需要注意其中可能產生的誤差。

我先自己動手畫畫看囉！

沒錯。一點一滴累積經驗之後，即便是複雜的邊界條件，也能快速製作流線圖，即使只是近似值求解，也能得到精準的計算。

□ 土壤的滲透試驗

（1）試驗目的及概要：

　　「土壤的滲透試驗」是，為了定量分析土壤中孔隙水（自由水）的移動容易程度，根據帶回樣本在室內測定的「室內滲透試驗」，或者直接於當地測量的「現場滲透試驗」，以 $v = k \cdot i$ 的定義計算滲透係數 k〔m／s〕。土壤的滲透性會因土壤的種類、密度、飽和度、水溫等因素而不同，需要依照現場條件、試驗目的來選擇適當的試驗方法。

（2）試驗器具及步驟：

1. 室內滲透試驗（JIS A 1218、JGS 0311）

滲透性與試驗方法的適用性（日本地盤工學會）

滲透性	10^{-11}	10^{-10}	10^{-9}	10^{-8}	10^{-7}	10^{-6}	10^{-5}	10^{-4}	10^{-3}	10^{-2}	10^{-1}	10^{0}
	實際上不滲透	非常低		低		中		高		對應的土壤種類		
黏性土	微細砂、粉土、混合土		（黏性土、粉土、砂土）					砂土、礫土			純礫土	
直接求取滲透係數的方法	特殊的變水頭滲透試驗		變水頭滲透試驗				定水頭滲透試驗		特殊的變水頭滲透試驗			
間接求取滲透係數的方法	由壓密試驗的結果計算			無			純砂或純礫由粒徑、孔隙比計算					

　　室內滲透試驗如上表，分為適用滲透性高的「定水頭滲透試驗（Constant Head Permeability Test）」，適用滲透性低的「變水頭滲透試驗（Falling Head Permeability Test）」，使用夯實試料、未擾動試料依照下列步驟，測量飽和狀態下的透水係數 k。另外，滲透係數 k 一般是指水溫15℃（k_{15}），水溫 T〔℃〕的滲透係數 k_T 需要對水溫及水的黏性進行修正，求得滲透係數 k_{15}。

室內滲透試驗

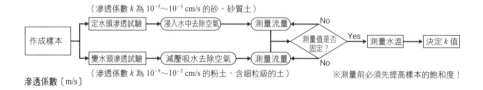

滲透係數〔m/s〕

定水頭滲透試驗：上下的溢流水槽可保持水位差 h〔cm〕，測量長 L〔cm〕的土壤試料在時間 t〔s〕通過的滲透量 Q〔cm³〕，由下述公式計算滲透係數 k：

$$k = \frac{Q \cdot l}{A \cdot t \cdot h} \times \frac{1}{100} \quad \text{〔m / s〕}$$

式中，A：樣本試料的截面積〔cm²〕

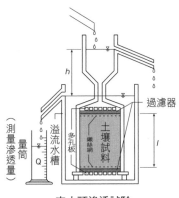

定水頭滲透試驗

變水頭滲透試驗：改變豎管水面的水位差 h〔cm〕，測量從水位差 h_1〔cm〕時間 t_1〔s〕到水位差 h_2〔cm〕的時間 t_2〔s〕，可由下述公式計算滲透係數 k：

$$k = \frac{2.303 \cdot a \cdot l}{A \cdot (t_2 - t_1)} \times \log_{10} \frac{h_1}{h_2} \times \frac{1}{100} \quad \text{〔m / s〕}$$

式中，a：豎管的截面積〔cm²〕

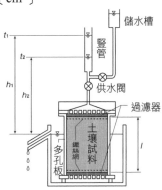

變水頭滲透試驗

2. 現場滲透試驗（JGS 1314）

「現場滲透試驗」是，利用單一鑽孔或井口，直接測量滲透係數 k 的試驗，依地盤的滲透性分為「非穩定法」和「穩定法」。

非穩定法： 適用滲透係數 k 低於 10^{-4} m／s的地盤，使測量管內的水位暫時下降或者升高，測量回覆至平衡狀態的所需要時間及水位變化，求得地盤的滲透係數k。

穩定法： 適用滲透係數k高於 10^{-5} m／s的砂礫地盤，抽水或者注水測量管內的水位來測量一定流量，求得地盤的滲透係數k。

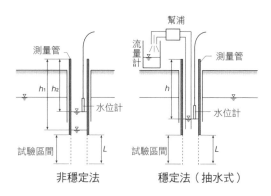

非穩定法　　　　穩定法（抽水式）

（參考）抽水試驗（JGS 1315）

「抽水試驗」是，以抽水井及複數口觀測井來求取地盤滲透特性的試驗，相較於使用單孔的現場滲透試驗，此試驗能夠求取廣範圍地盤的水力常數（滲透量係數 T 以及貯水係數 S）。自然地盤某土層（含水層）範圍的平均滲透性，可由下列公式計算滲透係數 k。

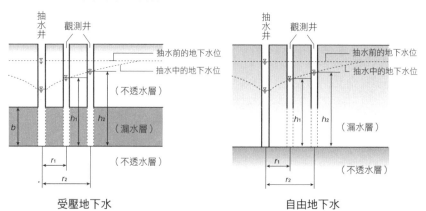

受壓地下水　　　　　　　　　　　自由地下水

受壓地下水：

$$k = \frac{2.303 \cdot q}{2\pi\, b \cdot (h_2 - h_1)} \times \log_{10}\frac{r_2}{r_1} \times \frac{1}{100} \ \ [\mathrm{m/s}]$$

式中，b：受壓含水層的厚度〔cm〕

　　　q：單位時間的抽水量〔cm³／s〕

　　　$r_1 \cdot r_2$：抽水井至觀察井的距離〔cm〕

　　　$h_1 \cdot h_2$：距抽水井$r_1 \cdot r_2$距觀測井的地下水位〔cm〕

自由地下水：

$$k = \frac{2.303 \cdot q}{\pi \cdot (h_2{}^2 - h_1{}^2)} \times \log_{10}\frac{r_2}{r_1} \times \frac{1}{100} \ \ [\mathrm{m/s}]$$

（3）試驗結果：

　　滲透係數k可應用於下列工程中必要量值的計算，以及解決問題的資料：

・計算井口的抽水量

・計算水壩、河川、海岸堤防等堤體、地基地盤的漏水量

・計算挖掘低於地下水位地盤時的湧水量（判斷是否需要截水）

・檢討滲透流影響的斜面穩定性

・計算降低地下水位工法（dewatering method）的汲取量

　　室內滲透試驗的結果，多用來判斷回填、填土用材料的滲透性或者地盤局部的滲透性等等，用以評估樣本具有的物理性質。在處理現場的滲透係數k、滲透流量Q等滲透問題時，一般會使用現場滲透試驗的結果來判斷。

☐ 孔隙水壓的測量：

　　孔隙水壓通常是用孔隙水壓計來測量。孔隙水壓計分為開放式和封閉式兩種，簡易的測量裝置如下頁所示的液壓計式孔隙水壓計（封閉型）。

・液壓計式孔隙水壓計（封閉式）的測量步驟：

　①打開活栓 1、2，使脫氣水（air-free water）經由幫浦流入管內。此時，管內的空氣會隨水從脫氣孔排出。

　②關閉活栓 1、2，確認液壓計、管內完成脫氣。此操作可使土壤中的水，在未擾動的狀態下快速流動。

　③測量液壓計距原點的水位差 $h_1 \cdot h_2$，令軟木塞距原點的深度為 H，由下述公式計算孔隙水壓 u 以及過剩孔隙水壓 Δu。

$$u = 13.6 \times (h_2 - h_1) + h_1 + H \ \ [\mathrm{g/cm^2}]$$

$\Delta u = u - (D - z)$ 〔g/cm²〕

上式中，D〔cm〕：地下水面的深度

z〔cm〕： 軟木塞的標高

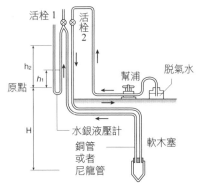

空隙水壓的測定

□ 流線網（圖解法）的作圖方法

流線網是依照下述步驟繪製，反覆調整使網眼接近於正方形。

①綜觀整個對象範圍，掌握地表與不透水層的邊界面、自由水面等的邊界條件。

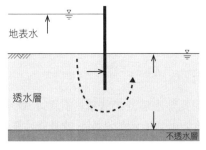

②繪製滲透流垂直於進出面、繞過不透水面的代表流線。

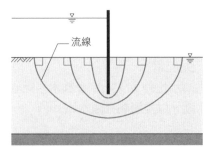

③繪製垂直於流線、與網眼四邊形寬和長盡可能等長的等位線。

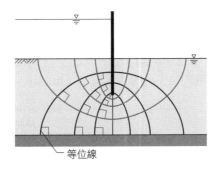

等位線

④反覆調整，使各交點相互垂直、各網眼的寬和長盡可能等長。

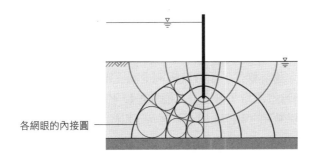

各網眼的內接圓

　　滲透流會因不同的邊界面而改變壓力、流速，所以等位線的間隔並非固定不變。作圖流線網時，各網眼很難皆是完美的正方形，繪製的要訣是想像格子網有內接圓。另外，土壤工學上的圖解法，除了流線網之外，還有用於斜面穩定分析的分割法和莫爾應力圓（Mohr's stress circle）。

❑ 運用流線網（圖解法）計算滲透量

【例題】

　　為了在具滲透性的地盤上建造混擬土水壩，繪製如下圖的流線圖。假設此地盤具等向性，滲透係數為 $k = 2.0 \times 10^{-5}$ m/s、水頭差為 $h = 5.5$ m、單位深度為 1m，則平均每天的滲透流量 Q〔m³/day・m〕為多少？

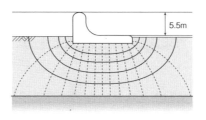

〈思考方式〉

　　注意數字方向性、邊界條件，讀取流線網上兩流線間的區域數 N_f 和等位線間的區域 N_d。現場滲透流量（滲透量）通常是以平均一天〔m³/day・m〕來計算，換算成滲透係數 k 的單位，和水頭差 h 一起代入滲透流量 Q 的公式。

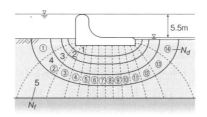

【解答】

　　由流線網可知：$N_f = 5$、$N_d = 14$

　　由題目可知：$k = 2.0 \times 10^{-5}$ m / s = 1.728 m /day、$h = 5.5$ m

　　將這些代入滲透流量 Q 的公式：

$$Q = k \cdot h \cdot \frac{N_f}{N_d} = 1.728 \times 5.5 \times \frac{5}{14} = 3.39 \text{ m}^3 \text{/day} \cdot \text{m}$$

地盤內部的力量

一片烏雲……

氣田同學、
水谷同學……
我會很嚴格教你們
的，覺悟吧。

嗯……
這次小考的範圍是
「地盤內產生的力」嘛。

過來過來

過來一下，詩織。

緊捏！

臉借我一下。

嗯喵！

水谷同學，
她的臉頰發生
了什麼事？

凹進去了。

那麼，
再更用力呢？

凹得更深。

嗚嗚嗚……

好痛─
吼痛！

106

4.1 地盤內的變化

不是只看物體表面的變形，還需要看內部產生的應力，也就是傾聽「好重～喔」的聲音，我們可以瞭解物體的抵抗程度。

順便一提，應力還可分成僅有自重作用的狀態和載重作用的狀態。以椅腳的角度來想，可以比較容易理解。

椅腳有承受椅子自身重量（自重）的時候，也有承受有人坐上去增加重量（載重）的時候嘛。

討論地盤時也是相同的情況，分為：承受土壤自重的應力，和承受結構物等載重增加的應力。

那麼，妳們想像一下，地盤內部受到外力作用壓縮的樣子！
構成地盤的土壤是由土粒結構、孔隙的水和空氣結合而成，但我們試著從土粒的角度來看。比如，電車客滿卻還有人想要硬擠進來，這時車內的人會怎麼做呢？

那當然是相互用力推擠傳遞力量，使彼此更為貼近吧……

電車客滿的情況

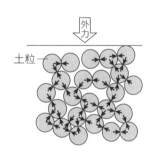

地盤內的情況

對。地盤內也是相同的道理，施加外力，土粒間會相互擠壓，傳遞力量，當無法承受力量的時候，兩粒子便會慢慢錯開方向，改變位置。

然後，我們綜觀這樣的情況，將載重產生的地盤內應力大小相同的點連成一線（等應力線），會變成如下面的形狀。

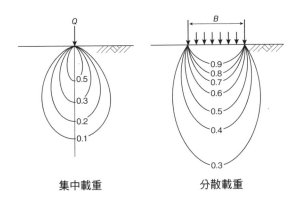

集中載重　　　　　　　　　　　分散載重

 感覺好像洋蔥喔。

 客滿的電車也一樣，離門愈遠，受到推擠力量愈小。

 沒錯，就是這樣的感覺。因為圖形很像植物的球根，所以又稱為「壓力球根（pressure bulb）」。

 接下來我們來討論孔隙充滿水的飽和狀態土壤吧。同樣是客滿電車，這次將孔隙水想像成塞在人與人之間的行李。

 乘客愈是推擠密切接觸，行李愈受到壓迫？

 也就是說，飽和狀態土壤的孔隙水，和土粒一樣承受外力而被壓縮嗎？

 沒錯──妳們兩人都好厲害喔──。

 也就是說，飽和土的孔隙水也會分擔一部分的應力，飽和狀態地盤內部產生的總應力，是「土粒結構的應力」加上「孔隙水的水壓」。

因此，土粒結構所產生的應力稱為「有效應力 σ'」；孔隙水所產生的應力稱為「孔隙水壓 u」；全體的應力則稱為「總應力 σ」。

總應力 σ＝有效應力 σ'＋孔隙水壓 u 的意思嘛！

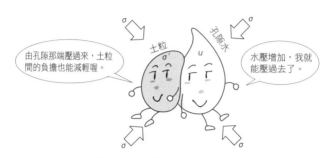

由孔隙那端壓過來，土粒間的負擔也能減輕喔。

水壓增加，我就能壓過去了。

有效應力 σ'＋孔隙水壓 u＝總應力 σ

話說回來，有效應力……是對什麼有效呢？

好問題耶。例如壓密（→第 5 章）、抗剪強度（→p.185）的土壤力學性質，並不受總應力影響，而是跟有效應力 σ' 有關。所以，能有效影響土壤力學性質的作用力，我們稱為「有效應力」。

也就是地盤中頑強抵抗的、土粒們的「好重～喔」聲音。

順便一提，有效應力σ'沒有辦法直接計算，所以需要由總應力 σ 來推算，孔隙水壓 u 可以直接測量。所以，我們可以利用夏美剛才說的計算式喔。

總應力 σ＝有效應力σ'＋孔隙水壓 u 嘛！

對。我們可以將計算式移項：有效應力 σ'＝總應力 σ－孔隙水壓 u，這樣就能求得有效應力 σ' 了（Terzaghi 德在基的有效應力公式）。

啊哈哈，
大概就像
那樣的感覺。

地盤內變大的水壓
會擠開土粒結構，

土粒間失去咬合力，造成
「**流沙（quick sand）**」
（→p.133）、「**液化現象**」
（→p.213）。

因為正的孔隙水壓 u
擠開土粒結構，
所以土粒間的
有效應力 σ' 會變小嘛。

那有發生
負的孔隙水壓 u
的情形嗎？

土壤可能受到剪切力（→第
6章）作用而空隙變寬，

此時，孔隙水壓 u 會變成
負的（$u < 0$），有效應
力 σ' 會大於總應力 σ，土
粒便會緊縮在一塊。

就像是用力吸鋁箔包果汁，
容器緊縮成一團的感覺。

那麼，
不飽和土的情況
會是如何？

嗚……
不飽和土的話，
因為孔隙間有空氣，
所以會變得非常複雜……

所以，這是
德在基的課題……嘛，
我想小考是不會出的啦。

負的孔隙水壓 u 會使
土粒間更加貼近，
所以作用於土粒間的
有效應力 σ' 會變大嘛。

4.2 自重產生的大地應力

這次考試範圍的重點在瞭解地盤內的什麼位置發生什麼應力？

在計算地盤的內應力時，需以宏觀的角度假定地盤為一彈性體，

實際上的問題點，我們會以半理論、實驗等方式進行修正。

嗯，聽不懂。

那麼，我們用水槽實驗來說明吧。

土研社的人都自備水槽？好厲害——

咚！

在水槽內加水，

嘿

在地表和地下水面的交界處畫上記號。

首先，是土壤自重產生的應力。在深度 z 的地方，有自重產生的有效垂直應力，

稱為「**有效覆土壓力**（effective overburden pressure）」或「**覆土壓力**」，以 $\sigma_z{}'$ 表示。

地下水面

覆土壓力西格瑪Z衝——啊！！

順便一提，覆土壓力 $\sigma_z{}'$ 的單位一般是使用 kPa 或 kN／m^2。[※2]

帕斯卡，就是颱風常用的單位嘛。

對。Pa 是表示壓力的單位，兩單位的關係為 Pa ＝ N/m^2（kPa ＝ kN/m^2）。

覆土壓力 $\sigma_z{}'$ 是土粒結構承受自重壓力的力量。

那麼，我們先來看相同土壤構成、深度 z 的均質地盤，

討論低於地下水面 A 點產生的總應力 σ_z、孔隙水壓 u_z 和覆土壓力 $\sigma_z{}'$。

A 點的總應力 σ_z 是該深度下單位面積承受的自重，

總應力 σ_z〔kPa〕＝
土壤的濕潤單位體積重量 γ_t〔kN/m^3〕×深度 z_1〔m〕＋
土壤的飽和單位體積重量 γ_{sat}〔kN/m^3〕×深度 z_2〔m〕

γ_t 的土壤深度為 z_1、
γ_{sat} 的土壤深度為 z_2，
所以覆土壓力會是……
這樣！

對，正確。
那孔隙水壓 u_z 呢？

濕潤單位體積重量 r_t（kN/m³）

飽和單位體積重量 r_{sat}（kN/m³）

z_1（m）
z_2（m）
Z
A

※2 兩者皆為 SI 單位，可以 kPa ＝ kN/m³ 進行單位轉換，但本章中壓力的意思較為強烈，所以選擇使用 kPa 作為單位使用。

若沒有過剩孔隙水壓 Δu 的話，孔隙水壓 u_z 等同於靜水壓，可由水的單位體積重量乘上水深來求得。

其中，水的單位體積重量為 γ_w，A 點距地下水面深 z_2，所以……

孔隙水壓 u_z〔kPa〕＝水的單位體積重量 γ_w〔kN/m³〕×水深 z_2〔m〕

沒錯。

那麼，最後我們來以總應力 σ_z 和孔隙水壓 u_z 的關係求取覆土壓力 $\sigma_z{}'$。

總應力 σ_z＝有效應力 σ'＋孔隙水壓 u，所以可以移項變成：覆土壓力 $\sigma_z{}'$＝總應力 σ_z－孔隙水壓 u_z！

覆土壓力 $\sigma_z{}'$〔kPa〕＝
土壤的濕潤單位體積重量 γ_t〔kN/m³〕×深度 z_1〔m〕＋土壤的飽和體積重量 γ_{sat}〔kN/m³〕
×深度 z_2〔m〕－水的單位體積重量 γ_w〔kN/m³〕×深度 z_3〔m〕

正確！

也就是說，這個問題……

$$覆土壓力\ \sigma_z{}' = \underbrace{\gamma_t \cdot z_1 + \gamma_{sat} \cdot z_2}_{總應力\ \sigma_z} - \underbrace{\gamma_w \cdot z_2}_{孔隙水壓\ u_z} = \gamma_t \cdot z_1 + (\gamma_{sat} - \gamma_w) \cdot z_2$$

上課的時候好像有講到 $(\gamma_{sat} - \gamma_w)$……

這是土壤的水中單位體積重量 γ'、飽和單位體積重量 γ_{sat} 和水的單位體積重量 γ_w 之間的關係 $\gamma' = \gamma_{sat} - \gamma_w$（→p.54）。

也就是說，若沒有產生過剩孔隙水壓 Δu 的話，覆土壓力 $\sigma_z{}'$ 可以看作是作用於低於地下水面土粒「增加浮力的應力」喔。

覆土壓力 $\sigma_z{}' = \gamma_t \cdot z_1 + \gamma' \cdot z_2$

那麼，接著來討論覆蓋不同土壤、不均質地盤的情況吧。思考方式相同，但需要注意各層的單位體積重量和厚度不同，分別計算。

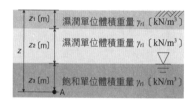

這個情況的
總應力是 $\sigma_z = \gamma_{t_1} \cdot z_1 + \gamma_{t_2} \cdot z_2 + \gamma_{sat} \cdot z_3$、孔隙水壓是 $u_z = \gamma_w \cdot z_3$，所以：

$$覆土壓力\ \sigma_z{}' = \gamma_{t1} \cdot z_1 + \gamma_{t2} \cdot z_2 + \gamma_{sat} \cdot z_3 - \gamma_w \cdot z_3$$
$$= \gamma_{t1} \cdot z_1 + \gamma_{t2} \cdot z_2 + (\gamma_{sat} - \gamma_w) \cdot z_3$$

做出來了！

那麼，低於地下水面的土壤水中單位體積重量 γ' 呢？

可以直接想成：覆土壓力 $\sigma_z{}' = \gamma_{t_1} \cdot z_1 + \gamma_{t_2} \cdot z_2 + \gamma' \cdot z_3$。

沒錯。兩個人都答對了！

 太棒了－！

 就像剛才的求法，總應力 σ_z、孔隙水壓 u_z、覆土壓力 $\sigma_z{}'$ 都可表示成與深度 z 的一次關係式。所以，以深度 z 為縱軸、總應力 σ_z 為橫軸，可以畫出如下的圖形：

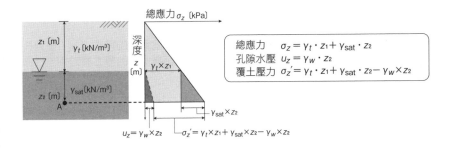

總應力　　　$\sigma_z = \gamma_t \cdot z_1 + \gamma_{sat} \cdot z_2$
孔隙水壓　$u_z = \gamma_w \cdot z_2$
覆土壓力　$\sigma_z{}' = \gamma_t \cdot z_1 + \gamma_{sat} \cdot z_2 - \gamma_w \times z_2$

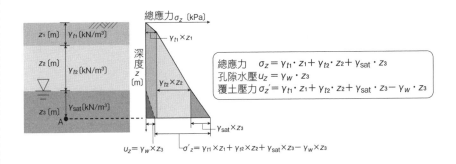

總應力　　　$\sigma_z = \gamma_{t1} \cdot z_1 + \gamma_{t2} \cdot z_2 + \gamma_{sat} \cdot z_3$
孔隙水壓 $u_z = \gamma_w \cdot z_3$
覆土壓力 $\sigma_z{}' = \gamma_{t1} \cdot z_1 + \gamma_{t2} \cdot z_2 + \gamma_{sat} \cdot z_3 - \gamma_w \cdot z_3$

 接著，我們來改變地下水面，比較A點所產生的覆土壓力 $\sigma_z{}'$〔kPa〕吧。

取出剛才覆蓋的不同土壤，在裡頭加入水，回到開始討論時土壤的均質地盤，我們來討論地表和水面同高度的場合吧。

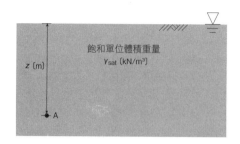

在A點，水中單位體積重量 γ_{sat} 的土壤在深度 z 處承受的總應力 σ_z，會有孔隙水以孔隙水壓 u_z 來分擔……意思是說，土粒結構承受的覆土壓力σ_z'，一部分會變成水中單位體積量 γ'。

覆土壓力 $\sigma_z' = \gamma_{sat} \cdot z - \gamma_w \cdot z = \gamma' \cdot z$

對，沒錯。接著繼續加水至水面高於地表吧。

這樣的話……在A點，首先是單位體積重量 γ_w 的水深有 h，接著是飽和單位體積重量 γ_{sat} 的土深有 z，承受的總應力 σ_z 有一部分分擔為孔隙水從水面到A點水深 $h+z$ 的孔隙水壓，所以會是這樣：

覆土壓力 $\sigma_z' = \gamma_w \cdot h + \gamma_{sat} \cdot z - \gamma_w (h+z)$
$$= \gamma_{sat} \cdot z - \gamma_w \cdot z = \gamma' \cdot z$$

喔！和覆土壓力σ_z'一樣耶。

正確。我們來比較兩種情形的圖形吧。

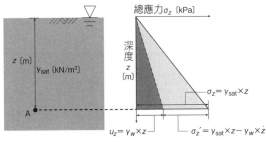

總應力 $\sigma_z = \gamma_{sat} \cdot z$
孔隙水壓 $u_z = \gamma_w \cdot z$
覆土壓力 $\sigma_z' = \gamma_{sat} \cdot z - \gamma_w \cdot z$

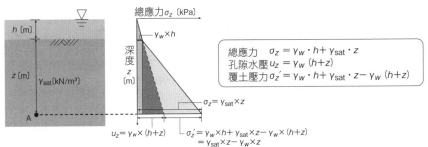

總應力 $\sigma_z = \gamma_w \cdot h + \gamma_{sat} \cdot z$
孔隙水壓 $u_z = \gamma_w (h+z)$
覆土壓力 $\sigma_z' = \gamma_w \cdot h + \gamma_{sat} \cdot z - \gamma_w (h+z)$

 由圖可以明顯看出，水面高於地表的場合，地盤上方覆蓋的水層會使總應力 σ_z 變大，但水深愈深，孔隙水壓 u_z 會愈大，相抵之下，地表以上的水位差幾乎不會影響覆土壓力 σ_z'。

 但是，水面低於地表的場合，水位愈下面，孔隙水壓 u_z 愈小，高於地下水面的土壤不受浮力作用，所以隨著地下水面下降，覆土壓力 σ_z' 反而會增加。

 這個地盤內應力的變化，可能成為地層沉陷的原因，所以進行汲取地下水工程的時候，必須嚴加小心。

 救命啊！孔隙水壓啊！

 夏美……？

4.3 載重產生的大地應力增量

接下來，我們來討論承受結構物等載重而增加的地盤內應力吧。

嗚呼～～

光聽就覺得好複雜。

物體受到外力作用，會根據應力發生變形，

這邊以應力與應變[※3]的關係（應力－應變特性）來表示。

一般來說，結構物是根據與應力－應變成正比的**「彈性理論」**來設計的，

土壤是由土粒結構、孔隙水與空氣所構成，所以嚴格來講不會遵守彈性理論，是非常複雜的問題。

咿～～～

但是，妳不必緊張，

相對於破壞，在十分穩定的範圍，土壤可以假定為彈性體，適用彈性理論，所以不用擔心。

太好了——！

雖然這麼說，但因為以數學來解釋土壤，所以還是很複雜。

嗚哇——

※ 3 strain，單位長度產生的變形量。

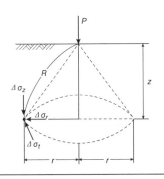

$\Delta\sigma_z$
$\Delta\sigma_r$
$\Delta\sigma_t$

首先，我們先來討論集中載重[4] P 的作用。法國數學家布西涅斯克提出公式，

用來計算在深度 z、距負載點 R 位置，所增加的應力。

噗哇——

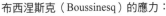

布西涅斯克（Boussinesq）的應力：

垂直方向增加的應力：$\Delta\sigma_z = \dfrac{3Pz^3}{2\pi R^5}$ .... (1)

半徑方向增加的應力：$\Delta\sigma_r = \dfrac{P}{2\pi R^2}\left(\dfrac{3r^2z}{R^3} - \dfrac{(1-2r)R}{R+z}\right)$ ... (2)

切線方向增加的應力：$\Delta\sigma_t = \dfrac{(1-2r)P}{2\pi R^2}\left(\dfrac{R}{R+z} - \dfrac{z}{R}\right)$ ...... (3)

啊哈哈。

這三個公式中最重要的是，造成地盤沉陷（→第 5 章）在垂直方向增加的應力 $\Delta\sigma_z$ 喔。我們再來實際操作吧。

咚！

A 點的位置與負載點 P_1 的水平距離為 r、與負載點 P_2 的正下方深度為 z，此時垂直方向增加的應力會是如何呢？

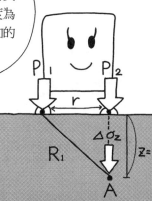

P_1　P_2
r
$\Delta\sigma_z$
$z=R$
R_1
A

※4 集中作用於 1 點的載重。

集中載重 P_1 和 P_2 同時作用⋯⋯

多個集中載重同時作用時，我們可以根據「**疊加原理**」，

各別計算集中載重增加的應力，最後再相加就可以了。

那麼，

在 $\Delta\sigma_{z1}$ 與 P_1 距離為 R_1，

由畢氏定理可知：

$R_1 = \sqrt{r^2 + z^2}$，

在 $\Delta\sigma_{z2}$ 的話，

可以看作是：$r = 0$、$R_2 = z$。

接下來就交給夏美了。

由布西涅斯克（Boussinig）的應力解（1），各別計算集中載重在垂直方向增加的應力，最後再相加⋯⋯會像這樣：

沒⋯⋯

沒錯。

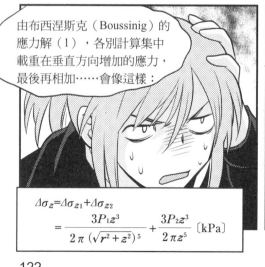

$$\Delta\sigma_z = \Delta\sigma_{z1} + \Delta\sigma_{z2}$$
$$= \frac{3P_1 z^3}{2\pi(\sqrt{r^2 + z^2})^5} + \frac{3P_2 z^3}{2\pi z^5} \quad [\text{kPa}]$$

最後只要分別代入實際的數值，就可以求出垂直方向增加的應力 $\Delta\sigma_z$ 了。

122

那麼，我們接著討論，沿著地表某直線均勻分布的線荷重（line load）q'[※ 5] 〔kN/m²〕無限長作用的情況吧。

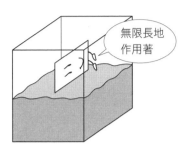

無限長地
作用著

無……無限？

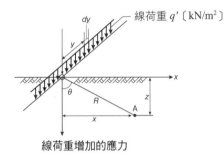

線荷重 q'〔kN/m²〕

線荷重增加的應力

在線荷重 q'〔kN/m²〕上，作用於 A 點的微小長 dy〔m〕的載重為 $q'dy$〔kN〕，和多個集中載重是同樣的道理，無限相加就可以了。也就是說，由布西涅斯克的應力解（1），集中載重為 $P = q'dy$，水平距離為 $r = \sqrt{x^2 + y^2}$，最後再沿著直線將 y 從 $+\infty$ 積分到 $-\infty$。

……算好了（線荷重的應力增量 $\Delta\sigma_z$ 公式）：

$$\Delta\sigma_z = \int_{-\infty}^{+\infty} \frac{3q'}{2\pi} \cdot \frac{z^3}{(x^2+y^2+z^2)^{\frac{5}{2}}} dy = \frac{2q'}{\pi} \cdot \frac{z^3}{(x^2+z^2)^2}$$

夏美，好厲害！原來妳好會計算！

心算好強！

※ 5 沒有寬幅的二向度等分布荷重。

一鼓作氣囉。我們這次來看面的條荷重（strip load）q 無限作用的情況吧。

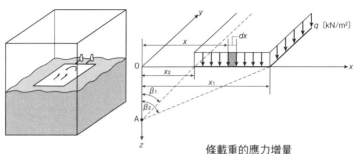

條載重的應力增量

思考方式和線荷重相同，因為多了寬度，所以我們還要將微小寬度 dx 從 x_1 積分到 x_2，這樣一來……

$$\Delta\sigma_z = \int_{x_1}^{x_2}\int_{-\infty}^{+\infty}\frac{3q}{2\pi}\cdot\frac{z^3}{(x^2+y^2+z^2)^{\frac{5}{2}}}\,dy\,dx = \frac{q}{\pi}(\alpha+\sin\alpha\cos\theta)$$

嗯……也就是說，會變成這樣（條荷重的應力增量 $\Delta\sigma_z$ 公式）。

好快……式中的代數分別為 $\alpha = \beta_2 - \beta_1$〔rad〕、$\theta = \beta_2 + \beta_1$〔rad〕喔。

繼續下去囉。我們來看寬 B、長 L 的面荷重 q 作用情形，荷重面的隅角[6]（O 點）在正下方深度 z 處A點，產生應力增量 $\Delta\sigma_z$。

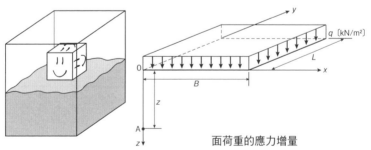

面荷重的應力增量

跟剛剛的道理相同嘛。也就是說，會像是這樣（面荷重的應力增量 $\Delta\sigma_z$ 公式）：

$$\Delta\sigma_z = \int_0^L\int_0^B\frac{3q}{2\pi}\frac{z^3}{(x^2+y^2+z^2)^{\frac{5}{2}}}\,dx\,dy$$

這麼複雜的公式怎麼可能記得啊，也不可能在考試中推導啊！

真的。但紐馬克（Newmark）將公式簡化成 $\Delta\sigma_z = I_\sigma \cdot q$。$I_\sigma$ 為「影像值（influence value）」，將寬 B 和長 L 分別除以深度 z，以 $m(=B/z)$、$n(=L/z)$ 的函數表示成下列式子：

$$I_\sigma = \frac{1}{2\pi}\left(\frac{mn\sqrt{m^2+n^2+1}}{m^2+n^2+1+m^2n^2}\times\frac{m^2+n^2+2}{m^2+n^2+1}+\tan^{-1}\frac{mn}{\sqrt{m^2+n^2+1}}\right)$$

哇……人生無亮……

冷靜一點，夏美！m、n 函數 $f_B(m,n)$ 的影響值 I_σ 可用紐馬克圖來讀取啊！

$$\Delta\sigma_z = I_\sigma \cdot q = f_B(m,n)\cdot q$$

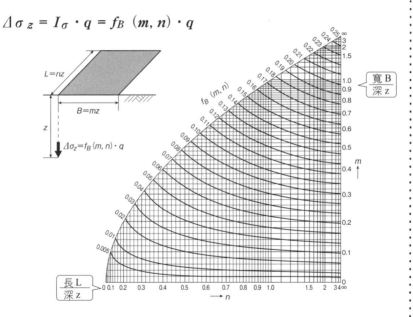

面荷重的影響值 $I_\sigma(f_B(m,n))$ 圖（紐馬克圖）

喔──感謝你，紐馬克。

順便問一下，隅角以外的點又該怎麼辦？

這種時候，我們會將該點作為隅角切割成長方形，各別計算，再加減（紐馬克的長方形分割法）（→p.140）。

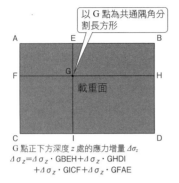

以 G 點為共通隅角分割長方形

G 點正下方深度 z 處的應力增量 $\Delta\sigma_z$
$\Delta\sigma_z = \Delta\sigma_z \cdot \text{GBEH} + \Delta\sigma_z \cdot \text{GHDI} + \Delta\sigma_z \cdot \text{GICF} + \Delta\sigma_z \cdot \text{GFAE}$

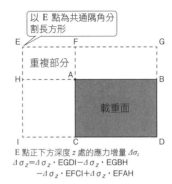

以 E 點為共通隅角分割長方形

重複部分

載重面

E 點正下方深度 z 處的應力增量 $\Delta\sigma_z$
$\Delta\sigma_z = \Delta\sigma_z \cdot \text{EGDI} - \Delta\sigma_z \cdot \text{EGBH} - \Delta\sigma_z \cdot \text{EFCI} + \Delta\sigma_z \cdot \text{EFAH}$

同樣的面荷重，荷重均勻傳遞到整面地盤是再好不過了，但像河川堤防、道路等截面為梯形的土壤結構物，又該怎麼辦呢？

載重下方沒有均勻荷重……結構物的截面形狀會使地盤荷重不均勻吧。

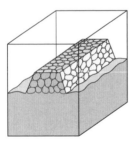

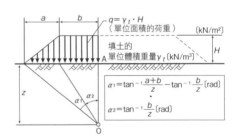

$q = \gamma_t \cdot H$（單位面積的荷重）〔kN/m²〕

填土的單位體積重量 γ_t〔kN/m³〕

$\alpha_1 = \tan^{-1}\dfrac{a+b}{z} - \tan^{-1}\dfrac{b}{z}$〔rad〕

$\alpha_2 = \tan^{-1}\dfrac{b}{z}$〔rad〕

嗯，沒錯。土壤結構物的荷重（填土荷重）多為「梯形條荷重」，奧斯特貝格（Osterberg）提出下述公式來計算應力增量 $\Delta\sigma_z$（→p.141）。（梯形條荷重的應力增量 $\Delta\sigma_z$ 公式）

$$\Delta\sigma_z = \frac{1}{\pi}\left\{\left(\frac{a+b}{a}\right)\cdot(\alpha_1+\alpha_2) - \frac{b}{a}\alpha_2\right\}q$$

在討論Ａ點正下方深度 z 處Ｏ點時，我們先求Ａ點左側填土載重的應力增量 $\Delta\sigma$，接著再求右側的，最後將左右兩側的增加量相加，就能夠知道Ｏ點產生的應力增量 $\Delta\sigma_z$ 了。$\alpha1$、$\alpha2$為a、b距離長的角度換算成rad（弧度）。

我的人生一片漆黑……

喂——等等！跟剛才的紐馬克一樣，可以用梯形載重的影響值 I_σ 來簡化，再以 a/z、b/z 轉換成 k，我們能從奧斯特貝格圖直接讀取 k 來計算 $\Delta\sigma_z$ 啦！（→ p.142）。

$$\Delta\sigma_z = I_\sigma \cdot q = k \cdot q$$

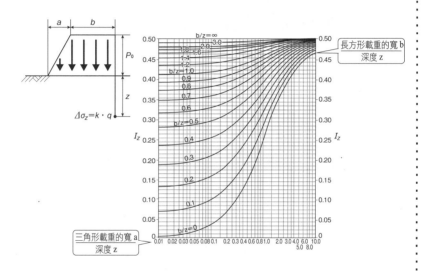

梯形條荷重的影響值 $I_\sigma(k)$ 圖（奧斯特貝格圖）

喔——奧斯特貝格，我也謝謝你。

因此，關於地盤內的應力，我們可以：自重造成的應力和載重造成的應力，分別計算。

4.4 滲透流產生的大地應力變化

其實，
在討論地盤內應力的時候，
還有一件事情必須注意喔。

那就是地下水的移動，
也就是滲透流的影響。

例如，地盤進行挖掘工程時，
地下水面發生變化，
地下水因水頭差（→p.84）
在地盤中流動。

站在地下水的角度來看，
想像在客滿電車中
移動時的情況。

車子擠得水洩不通，
就只能推開別人，
否則沒辦法移動。

土粒結構

水壓

地下水

我們沒有
辦法咬合
在一起，

土壤就會
鬆脫啦

同樣地，
地盤內的土粒結構
會妨礙地下水的流動，
滲透流的方向上會產生水壓，

孔隙水壓 u 增加，
有效應力 σ' 相對減少。

有效應力 $\sigma' =$
總應力 $\sigma -$ 孔隙水壓 u

首先，
我們先看這個。

板樁

在中間打入板樁後，
將其中一邊的土壤
挖到另外一邊。

啊，
水沿著板樁的
挖掘面滲透過來了。

緩緩緩緩

滲透流影響到土粒結構的力量，
稱為**「滲透力」**，

我們來討論水滲過來部分的
滲透力和地盤內應力變化吧。

水繞過板樁的下面再往
上滲透，也就是在挖掘
面產生向上滲透力嘛？

地盤內因滲透力而
產生超額孔隙水壓 Δu，
推開土粒結構……

此時有效應力 σ'
會變小吧。

滲透長最短路徑

緩緩
緩緩

地下水面

滲透流

沒錯，
像這樣產生滲透流，
地盤內應力的變化

可能引起地盤破壞，
需要多注意。

滲透流造成破壞，
不是很懂耶……

哎嘿嘿，
那麼，亞美，
把那個拿出來。

哪個？

就是
我們之前一起做的
那個啊。

將寶特瓶的
底部切開

啊──

打算倒垃圾時拿去丟掉，
所以放在玄關。

接著，
我們用這個砂質土
地盤的模型來說明。

不可燃垃圾

不要丟掉啦！

我們先來看作用於試料土某截面 $a-a'$（截面積 A）的滲透力吧。截面 $a-a'$ 距左邊水面的深度為 h_1、距右邊水面的深度為 h_2，兩邊產生靜水壓相互推擠，根據水頭差，往靜水壓較小的一方產生滲透流，所以試料土現在受到向上的滲透力。

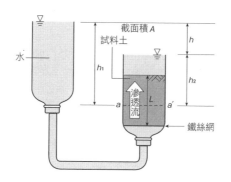

深度 h_1 的靜水壓是：
水的單位體積重量 γ_w〔kN/m³〕×深度 h_1〔m〕$=\gamma_w h_1$〔kN/m²〕，由截面積 A 的下方往上作用⋯⋯
所以是靜水壓 $\gamma_w h_1$〔kN/m²〕×截面積 A〔m²〕、方向向上？

也就是說，深度 h_2 的靜水壓是 $\gamma_w h_2 A$〔kN〕、方向向下嗎？

沒錯。其中，左右水位差 $h(=h_1-h_2)$ 為正、方向向上的時候，滲透力 F 可以這樣計算：

滲透力 $F = \gamma_w h_1 A - \gamma_w h_2 A = \gamma_w A(h_1 - h_2) = Ah\gamma_w$〔kN〕

這個滲透力 F 是均勻作用於試料土整體，所以單位面積的滲透力 f（滲透水壓），是以滲透力 F 除以截面積 A 來計算：

單位面積的滲透力 $f = F/A = h\gamma_w$〔kN/m²〕

再來，單位體積的滲透力 j，是用滲透力 F 除以試料土的體積（截面積 A ×滲透長 L）來計算：

單位體積的滲透力 $j = \dfrac{F}{AL} = \dfrac{h}{L}\gamma_w$ 〔kN/m³〕

 一般說到「滲透力」，多指單位體積的滲透力 j，同一流線上的土壤，各位置都受到相同的滲透力 j 喔。那麼，我們來看一下滲透力 j 的公式，討論這個的大小受到什麼影響。

 滲透力 $j = \dfrac{h}{L}\gamma_w$

所以，水位差 h 愈大、滲透長 L 愈短，滲透力 j 會愈大吧。

 嗯？這個 h/L 好像在哪看過……啊——這不是水力梯度（→p.87）嗎？

 妳注意到重要的地方耶。因為水力梯度為 $i = h/L$，所以滲透力可改寫成 $j = i\gamma_w$〔kN/m³〕，我們可以知道滲透力 j 和水力梯度 i 成正比。

 也就是說，隨著水力梯度 i 的增加，土壤單位體積重量會受到向上推擠的滲透力 j 作用。

 沒錯！這個向上的滲透力 j 稱為「上揚力（uplift pressure）」，指作用於地盤內部的向下水中單位體積重量 γ' 和向上滲透力 j 相減，作用於單位體積的有效重量。如下述公式：

單位體積的有效重量 $= \gamma' - j = \gamma' - i\gamma_w$ 〔kN/m³〕

再來，根據這個重量，向上滲透流 j 在深度 z 處的有效應力 σ_z' 可以表示成下述公式：

有效應力 $\sigma_z' = (\gamma' - j)\,z = (\gamma' - i\gamma_w)\,z$ 〔kPa〕

 由這個式子我們可以看出，砂質土地盤的滲透力 j 愈大，有效應力 σ_z' 相對會愈小，當 $j \geq \gamma'$ 時，土粒結構會失去支撐的力量，液化成「流沙」喔。

 砂質土地盤因上揚力而突發性液化，土砂會像沸騰般向上噴發，產生「砂沸現象（boiling）」。另外，滲透力集中在地盤較弱的部分，發生局部砂沸的現象稱為「管湧現象（piping）」喔。

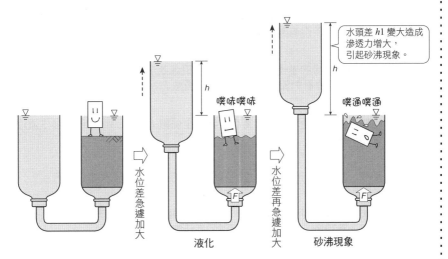

液化

砂沸現象

水頭差 $h1$ 變大造成滲透力增大，引起砂沸現象。

 這些現象若發生在工程挖掘現場，可能發生板樁坍塌的重大事故。

快要發生流沙、砂沸的臨界狀態，也就是滲透力 j 和土壤水中單位體積重量 γ' 相抗衡時 $j=\gamma'$（平衡狀態），此時的水力梯度稱為「臨界水力梯度（critical hydraulic gradient）i_c」，式子表示如下：

$$滲透力\ j=\gamma'=i_c\gamma_w=\frac{\frac{\rho s+\rho w}{1+e}}{}=\frac{\frac{\rho s}{\rho w}-1}{1+e}\gamma_w$$

$$臨界水力梯度\ i_c=\frac{\frac{\rho s}{\rho w}-1}{1+e}$$

 再來，當 $j=\gamma'$，由地盤內有效應力 $\sigma_z'=(\gamma'-j)z$ 可知有效應力 σ_z' 為零，也就是土粒間處於沒有應力發生的狀態。

 為了防止這樣的事情發生，我們會從現場狀況來計算水力梯度 i 和臨界水力梯度 i_c，確保針對流沙、砂沸的安全係數 $F_s=i_c/i\geq1$（臨界水力梯度法）。

 也就是說，即便 i 比 i_c 來得小，若安全係數 F_s 大於 1，也不會發生流沙、砂沸的現象。

 那麼，我們使用剛才的水槽，討論如何防止流沙、砂沸的發生吧。

 距板樁的邊界最近的流線上，滲透長 L 會最短、水力梯度 i 會最大，容易發生流沙等現象，這該採取什麼樣的對策呢？

 以填土來增加有效重量，以排水來縮小水位差，防止產生過大滲透力 i，這樣就可以了吧？

 想要縮小滲透力 j，水力梯度 $i(=h/L)$ 必須要小……這樣的話，增加滲透長 L 就行了吧？

沒錯。諸如保護濾料超載壓填土法（counterweight fill）、深井法（deep well method）、點井法（well-point method）等排水工法（低於地下水位）都是有效的對策。

若能加深埋置深度 D_f[※7]，使滲透流繞遠路，也可增加滲透長 L，減少水力梯度 i。

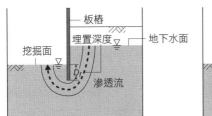

板樁
埋置深度
地下水面
挖掘面
D_f
滲透流

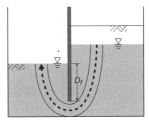

D_f

經由計算求得，再根據安全係數 F_s 公式，確保安全係數 $F_s \geq 1$ 下的埋置深度 D_f 就可以了（p.142）。

$$安全率\ F_s = \frac{i_c}{i} = \frac{\dfrac{\gamma'}{\gamma_w}}{\dfrac{h}{h + 2D_f}} = \frac{\gamma'(h + 2D_f)}{\gamma_w h} \geq 1 \ （臨界水力梯度法）$$

只要解開這個公式的 D_f，我們就能夠知道，為了防止流沙、砂沸產生，板樁的埋置深度 D_f 了！

關於流沙、砂沸的安全係數 F_s，也可根據德在基法，計算時將滲透力 j 主要作用的範圍假定為高 D_f、寬 $D_f/2$ 角柱狀。

※7 板樁隔開地底土壤的深度。

前面所說的是假想均勻的砂質土地盤，

但若挖掘的受壓地下水層覆蓋了不透水層的地盤，又是如何呢？

咚！

黏土

滲透力 j 受到上方的不透水層壓迫，

不透水層就像蓋子一樣，所以不會產生流沙、砂沸的現象。

砰！

但是，土壤挖掉部分會使覆土壓力 $\sigma_z{}'$ 變小吧。

作為蓋子的不透水層可能會壓不住滲透力 j……最後像剛剛一樣「砰！」地噴發出來吧？

雖然不會像砂沸一樣「砰！」地噴發出來……

挖掘面為黏性土的場合，可能發生「**浮脹（heaving）**」現象。

慢慢抬升的地基（→第 7 章）

地表

板樁

受壓水頭 H

黏性土層

受壓含水層（砂質土層）

地盤浮起的挖掘面

$\gamma_t D$　黏性土層

$\gamma_t H$　浮力

D

不透水層因挖掘而覆土壓力 $\sigma_z{}'$ 減少，當小於滲透力 f（浮力上舉）的時候，

不透水層就會被往上推，挖掘面因而凸起。

真的是「砰」脹。

令受壓含水層的受壓水頭※8 為 H、不透水層的厚度為 D、黏性土的濕潤單位體積重量為 γ_t，

浮脹的安全係數 F_s 會像這樣喔。

覆土壓力和滲透流在不透水層的底面相互拮抗

$$F_s = \frac{\gamma_t D}{\gamma_w H}$$

持續浮脹，突破黏性土層後，地下水和土砂還是有可能「砰！」地破壞挖掘底面。

看吧，還是「砰」脹！

好，今天就到這邊吧。

大家辛苦了～～

結束了～～～

詩織、亞美，謝謝囉。

驚嚇！

哎呀——有什麼關係？

對啊，妳也可以直接叫我們的名字喔，亞美。

妳們好厲害啊——土壤研究社的活動很枯燥乏味吧。

別、別突然就直接叫名字啊。

嗚！

※ 8 confined water head，保存於含水層的孔隙水壓力，也稱為孔隙水壓或者受壓水位差。

我記得土壤研究社，
只有妳們和學長三人
而已。

年輕男女老是
相處在一起……
這方面發展得怎麼樣？

閃亮！

怎麼樣
是指什麼啊？

那當然是
墜入愛河啊。

哈？
怎麼可能啊。
那樣的怪人。

對吧，詩織？

哎？

也太明顯。

☐ 自重產生的地盤內應力計算

【例題 1】

　　如右圖，在不受壓含水層，地下水面從地表下深 3m 降到深 6m 處時，深度 $z = 7m$ 處 A 點的覆土壓力 $\sigma_z{}'$ 會如何變化呢？

　　水的單位體積重量為 $\gamma_w = 9.8\ kN/m^3$。

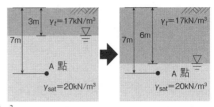

〈思考方式〉

　　A 點的總應力 σ_z 為，A 點上各層的單位體積重量乘上深度相加而得，此例題的孔隙水壓 u_z，等於水的單位體積重量乘以水深的靜水壓。所以，覆土壓力 $\sigma_z{}'$ 為上述求得的總應力 σ_z 減孔隙水壓 u_z，比較地下水面降低前後的地盤內應力。其中，z_1：地表至地下水面的深度，z_2：地下水面至 A 點的深度。

【解答】

〈地下水面距地表深 3m 時（地下水面降低之前）〉

總應力 σ_z：

$$\sigma_z = \gamma_t \times z_1 + \gamma_{sat} \times z_2 = 17 \times 3 + 20 \times 4 = 131\,\text{kPa}(\text{kN/m}^2)$$

孔隙水壓 u_z：

$$u_z = \gamma_w \times z_2 = 9.8 \times 4 = 39.2\,\text{kPa}(\text{kN/m}^2)$$

覆土壓力 $\sigma_z{}'$：

$$\sigma_z{}' = \sigma_z - u_z = 131 - 39.2 = 91.8\,\text{kPa}(\text{kN/m}^2)$$

〈地下水面距地表深 6m 時（地下水面降低之後）〉

總應力 σ_z：

$$\sigma_z = \gamma_t \times z_1 + \gamma_{sat} \times z_2 = 17 \times 6 + 20 \times 1 = 122\,\text{kPa}(\text{kN/m}^2)$$

孔隙水壓 u_z：

$$u_z = \gamma_w \times z_2 = 9.8 \times 1 = 9.8\,\text{kPa}(\text{kN/m}^2)$$

覆土壓力 $\sigma_z{}'$：

$$\sigma_z{}' = \sigma_z - u_z = 122 - 9.8 = 112.2\,\text{kPa}(\text{kN/m}^2)$$

　　地下水面的降低，會使 A 點上方的土壤失去浮力，覆土壓力 $\sigma_z{}'$ 會相對增加。這個結果表示，抽取地下水可能會引起地層沉陷。

☐ 載重所產生的地盤內應力（集中載重的情況）

【例題2】

　　如右圖，某地盤的平面上受到集中載重 $P=300kN$ 作用，試求下列各點的應力增量 $\Delta\sigma_z$：

① 距負載點正下方深度 $z=7m$ 處A點的垂直應力增量 $\Delta\sigma_z A$。

② 距負載點水平距離 $r=5m$、深度 $z=7m$ 處B點的垂直應力增量 $\Delta\sigma_z B$。

③ 距負載點正下方深度 $z=12m$ 處C點的垂直應力增量 $\Delta\sigma_z b$。

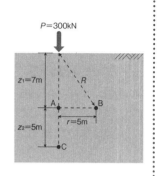

〈思考方式〉

① 利用布西涅斯克應力解中，垂直方向的應力增量 $\Delta\sigma_z$ 公式（1）（→p. 121），以及距負載點的距離 $R=\sqrt{r^2+z^2}$（畢氏定理）來計算。式中，負載點正下方的水平距離以 $r=0m$ 來計算。

② 如同①利用公式（1），以距負載點的水平距離 $r=5m$ 來計算。

③ 如同①利用公式（1），距負載點的水平距離 $r=0m$、深度 $z=z_1+z_2=12m$。

【解答】

① 由式（1）得：

$$\Delta\sigma_{z\,A}=\frac{3Pz^3}{2\pi R^5}=\frac{3Pz^3}{2\pi(\sqrt{r^2+z^2})^5}=\frac{3\times300\times7^3}{2\pi(\sqrt{0^2+7^2})^5}=\frac{308700}{2\pi\times16807}=3.98\ \text{kPa}(\text{kN/m}^2)$$

② 同理：

$$\Delta\sigma_{z\,B}=\frac{3Pz^3}{2\pi(\sqrt{r^2+z^2})^5}=\frac{3\times300\times7^3}{2\pi(\sqrt{5^2+7^2})^5}=1.06\ \text{kPa}(\text{kN/m}^2)$$

③ 同理：

$$\Delta\sigma_{z\,C}=\frac{3Pz^3}{2\pi(\sqrt{r^2+z^2})^5}=\frac{3\times300\times12^3}{2\pi(\sqrt{0^2+12^2})^5}=0.99\ \text{kPa}(\text{kN/m}^2)$$

　　比較①、②、③可知，隨著距負載點的距離 R 的增加，集中載重 P 所產生的地盤內應力增量 $\Delta\sigma_z$ 會減少。

❑ 載重所產生的地盤內應力計算（面荷重的情況）

【例題 3】

　　如右圖，某地盤平面上受到面荷重（長方形載重）$q = 100kN/m^2$ 作用時，試求 a 點正下方深度 $z = 5m$ 處 A 點的垂直應力增量 $\Delta\sigma_z$。

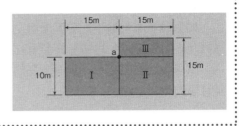

〈思考方式〉

　　面荷重 q 隅角正下方的垂直應力增量 $\Delta\sigma_z$，可從紐馬克圖（→p.125）得知影響值 I_σ，再代入紐馬克公式 $\Delta\sigma_z = I_\sigma \cdot q$ 來計算。若如例題計算隅角處以外的點，可將對象點作為隅角處來分割長方形（長方形分割法），再以疊加原理來計算。式中，B：長方形的長邊、L：長方形的短邊。

【解答】

　　長方形 I、II 都是 $m = B/z = 15/5 = 3$、$n = L/z = 10/5 = 2$，所以影響值 I_σ 可由公式得：

$$I_\sigma = \frac{1}{2\pi}\left(\frac{mn\sqrt{m^2+n^2+1}}{m^2+n^2+1+m^2n^2} \times \frac{m^2+n^2+2}{m^2+n^2+1} + \tan^{-1}\frac{mn}{\sqrt{m^2+n^2+1}}\right)$$

$$= \frac{1}{2\pi}\left(\frac{3\times2\sqrt{3^2+2^2+1}}{3^2+2^2+1+3^2\times2^2} \times \frac{3^2+2^2+2}{3^2+2^2+1} + \tan^{-1}\frac{3\times2}{\sqrt{3^2+2^2+1}}\right) = \frac{1}{2\pi}(0.4811+1.0132)$$

　　或者，由圖表直接讀取影響值 I_σ（→p.124）：

$$I_\sigma = 0.238$$

　　所以，長方形 I、II（$q = 100kN/m^2$）隅角處正下方 A 點的應力增量 $\Delta\sigma_z$，可由公式求得（在此代入計算出來的的影響值 I_σ）：

$$\Delta\sigma_{zI} = \Delta\sigma_{zII} = I_\sigma \cdot q = \frac{100}{2\pi}(0.4811+1.0132) = 23.782 \text{ kPa(kN/m}^2)$$

　　長方形 III（$q = 100kN/m^2$）為 $m = 15/5 = 3$、$n = 5/5 = 1$、$q = 100kN/m^2$，同理：

$$\Delta\sigma_{zIII} = I_\sigma \cdot q = \frac{100}{2\pi}(0.5427+0.7353) = 20.340 \text{ kPa(kN/m}^2)$$

　　因此，將長方形 I、II、III 在 A 點的垂直應力增量 $\Delta\sigma_z$，以疊加原理計算可得：

$$\Delta\sigma_z = \Delta\sigma_{zI} + \Delta\sigma_{zII} + \Delta\sigma_{zIII} = 23.782 + 23.782 + 20.340 = 67.9 \text{ kPa(kN/m}^2)$$

❑ 載重所產生的地盤內應力計算（梯形條荷重的情況）

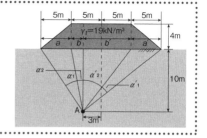

【例題 4】

如右圖，某地盤平面受到土壤結構物（$\gamma_t = 19kN/m^3$）的梯形條荷重作用，試求距地表深度 $z = 10m$ 處 A 點的垂直應力增量 $\Delta\sigma_z$。

〈思考方式〉

以 A 點為基準分為左側、右側，利用奧斯特貝格公式（→p.127），α_1、α_2、α'_1、α'_2 以弧度單位來計算。分別計算左側的影響值 K_1 和右側的影響值 K_2，再相加 A 點左側的 K_{1q} 和右側的 K_{2q} 來計算 $\Delta\sigma_z$。

【解答】

在 A 點的左側，由 $\alpha = 5m$、$b = 2m$、$z = 10m$ 得：

$$\alpha_1 = \tan^{-1}\frac{a+b}{z} - \tan^{-1}\frac{b}{z} = \tan^{-1}\frac{2}{10} = 0.413 \ \text{rad}$$

$$\alpha_2 = \tan^{-1}\frac{b}{z} = \tan^{-1}\frac{2}{10} = 0.197 \ \text{rad}$$

再由這些值計算 K_1：

$$K_1 = \frac{1}{\pi}\left\{\left(\frac{a+b}{a}\right)(\alpha_1+\alpha_2) - \frac{b}{a}\alpha_2\right\} = \frac{1}{\pi}\left\{\left(\frac{5+2}{5}\right)(0.413+0.197) - \frac{2}{5}0.197\right\} = 0.247$$

同樣地，在 A 點的右側，由 $a' = 5m$、$b' = 8m$、$z = 10m$ 得：

$$\alpha_1 = \tan^{-1}\frac{a'+b'}{z} - \tan^{-1}\frac{b'}{z} = \tan^{-1}\frac{5+8}{10} - \tan^{-1}\frac{8}{10} = 0.240 \ \text{rad}$$

$$\alpha_2 = \tan^{-1}\frac{b'}{z} = \tan^{-1}\frac{8}{10} = 0.675 \ \text{rad}$$

再由這些值推求 K_2：

$$K_2 = \frac{1}{\pi}\left\{\left(\frac{a'+b'}{a'}\right)(\alpha'_1+\alpha'_2) - \frac{b'}{a'}\alpha'_2\right\} = \frac{1}{\pi}\left\{\left(\frac{5+8}{5}\right)(0.240+0.675) - \frac{8}{5}0.675\right\} = 0.413$$

單位面積的載重為 $q = \gamma_t H = 19 \times 4 = 76kN/m^3$，所以 q 作用下 A 點的垂直應力增量 $\Delta\sigma_z$ 為：

$$\Delta\sigma_z = K_1 q + K_2 q = 0.247 \times 76 + 0.413 \times 76 = 50.14 \ \text{kPa(kN/m}^2)$$

□ 滲透流所產生的地盤內應力計算（面荷重的情況）

【例題5】

如右圖，挖掘含有地下水的砂質土地盤，判斷是否會發生流沙現象？若會發生流沙現象，板樁的埋置深度 D_f 應為多少才能防止流沙產生？$\rho_w = 1.0\,g/cm^3$。

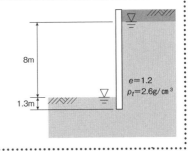

$e=1.2$
$\rho_t = 2.6\,g/cm^3$

〈思考方式〉

利用公式（→p.137），由流沙安全係數 $F_s = i_c/i \geq 1$ 的關係（臨界水力梯度法）來判斷流沙的發生，當 $i_c/i < 1$ 流沙發生的時候，導水梯度 i 小於臨界導水梯度 i_c，也就是說應計算滿足 $i_c/i \geq 1$ 的埋置深度 D_f。式中，h：板樁內側與外側的水位差。

【解答】

〈流沙現象的判斷〉

$$安全率\ F_s = \frac{ic}{i} = \frac{\left(\dfrac{\rho s}{\rho w} - 1\right)(h + 2Df)}{(1+e)h} = \frac{\left(\dfrac{2.6}{1.0} - 1\right) \times (8 + 2 \times 1.3)}{(1 + 1.2) \times 8} = 0.964 < 1$$

所以，流沙現象會發生。

〈埋置深度的計算〉

可知：

$$\frac{\left(\dfrac{\rho s}{\rho w} - 1\right)(h + 2Df)}{(1+e)h} \geq 1$$

$$D_f \geq \frac{1}{2} \times \left\{ \frac{(1+e)h}{\dfrac{\rho s}{\rho w} - 1} - h \right\} = \frac{1}{2} \times \left\{ \frac{(1 + 1.2) \times 8}{\dfrac{2.6}{1.0} - 1} \right\} = 1.5 \ \text{m}$$

所以，埋置深度大於 1.5m，能夠防止流沙現象產生。

第 5 章

土壤的壓密

這是……

日本的「比薩斜塔」。

沒有啦，我只是想說正好可以跟妳們說地層下陷的事情……

抱歉啊，突然叫你們出來。

我之前也有在電視上看過，地層下陷從以前就是社會的一大問題……

對住在這裡的人來說，這是攸關生活、深刻的環境問題……

不過話說回來，它傾斜得還真是完美啊……

妳們還記得我之前說過，一般都市大多建立在河口地區的沖積平原嗎？

都市是在黏土堆積層的軟地盤上發展的嘛。

5.1 土壤的壓密是什麼?

	體積壓縮係數	值〔m²/kN〕
土粒	m_{vs}	10^{-8}
孔隙水	m_{vw}	5×10^{-7}
土壤(土粒結構)	m_v	$10^{-3} \sim 10^{-5}$

※2 壓力增量(ΔP)的平均體積應變(ΔV_v,volu-
metric strain)。

沉陷量大，表示
排出的孔隙水
比較多嘛。

所以是孔隙比 e、含水量
w 大的土壤吧？

我記得，前面有學到 CH
（高液性限度黏土）的土
壤可壓縮性高（→p.58）。

沒錯。比如纖毛結構
般高孔隙比的黏性
土，比起單粒結構的
砂質土，具有更高的
可壓縮性喔。

單粒結構

絮狀結構

剛才問題中的
「**以長期來說**」
是什麼意思？

首先，推壓把手後，竹筒內
的水壓升高而噴出孔隙水。

妳注意到重點喔。
這剛好可以用水槍來
說明。

接著，停止推壓的動作，隨著
時間經過，排水逐漸減弱。

5.2 壓密的進行

彈簧因荷重增加的應力為有效應力增量 $\Delta\sigma'$

海綿栓塞

孔隙水

孔隙水因荷重增加的應力為過剩孔隙水壓 Δu

接著,我們在排水孔塞上海綿栓塞,作為滲透性低的黏性土,來討論壓力吧。

磅砰!

首先,施加荷重的瞬間,彈簧上產生的有效應力增量 $\Delta\sigma'$ 會如何呢?

因為滲透性低,不會馬上排水……

也就是說,活塞不會下降,所以彈簧沒有被壓縮,也就不會產生應力?

嗯。答得不錯。看我站上去。

嘎嚓!

$t=0$ 水壓計上升

荷重剛開始,活塞不會下降

Δu

Δu

沒錯，隨著水的排出，彈簧的負荷增加，有效應力增量 $\Delta\sigma'$ 相對增加，過剩孔隙水壓 Δu 會因而減少，

其中，排水造成超額孔隙水壓 Δu 減少的現象，稱為**「消散（dissipation）」**。

那麼，這個模型在壓密過程中，活塞下降 3cm 時的過剩孔隙水壓 Δu 為多少？

突然就要計算!?

 原本因應力增量 P（$\Delta\sigma$）壓縮 6cm 的彈簧，變為只壓縮 3cm……所以，彈簧產生的有效應力增量會是 $\Delta\sigma'=\Delta\sigma/2$？

 對、對。

 這樣的話，

總應力增量 $\Delta\sigma$ ＝有效應力增量 $\Delta\sigma'$ ＋超額孔隙水壓 Δu

代入後變成：

$$\Delta\sigma = \frac{\Delta\sigma}{2} + \Delta u$$

汽缸內的水會產生 $\Delta\sigma/2$ 的超額孔隙水壓 Δu！

 非常正確！這個模型的截面積為 $A=1m^2$，所以 $\Delta\sigma=P/A=P$，超額孔隙水壓也可以表示成 $\Delta u=P/2$。這樣就能想像壓密途中的沉陷量與地盤內應力的變化。

 最後，我們來看壓密結束時（$t=\infty$）的情形吧。

156

活塞會被壓縮到荷重與彈簧鬆緊度平衡的地方（這個例子為壓縮 6cm），荷重由彈簧支撐……當超額孔隙水壓 Δu 消散變回零，排水會停止吧？

妳已經融會貫通了。那麼，我們來將壓密過程中的總應力增量 $\Delta\sigma$、超額孔隙水壓 Δu、有效應力增量 $\Delta\sigma'$，製作對時間的變化圖吧。
首先是 $t=0$ 至 $t=\infty$、總應力增量 $\Delta\sigma=P$ 保持一定的變化圖，到這裡沒問題吧？

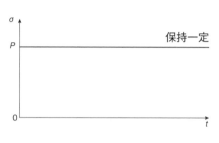

總應力增量 $\Delta\sigma$

然後，超額孔隙水壓 Δu 會如何呢？

$t=0$，產生與應力增量 P（總應力增量 $\Delta\sigma$）相同的超額孔隙水壓 Δu，隨著時間經過，排水逐漸消散，最後在 $t=\infty$ 時 $\Delta u=0$。

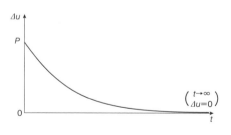

超額孔隙水壓 Δu

有效應力增量 $\Delta\sigma'$ 會隨著超額孔隙水壓 Δu 的消散而增加，$\Delta\sigma' = \Delta\sigma - \Delta u$ 成立，因此，有效應力增量剛好與超額孔隙水壓 Δu 對稱。

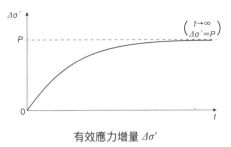

有效應力增量 $\Delta\sigma'$

 最後，體積應變量 ε [※3] 的變化圖會如何呢？

 如同彈簧模型，隨著有效應力增量 $\Delta\sigma'$ 變大，產生體積應變量 ε，所以圖形會和有效應力增量 $\Delta\sigma'$ 一致。

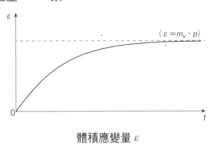

體積應變量 ε

 沒錯。最後將壓密過程應力對時間的變化，整理如下：

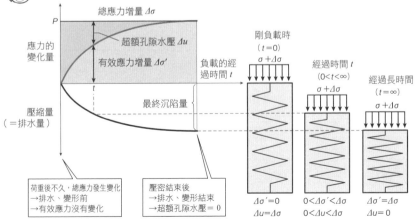

※3 在壓縮力作用下，相對於原長度、原體積產生的變形比（此處是指單向度體積應變）。

5.3 壓密的方程式

 接著，根據在模型上看到的現象，我們來說明飽和黏土層產生的總應力 σ、有效應力 σ'、孔隙水壓 u、超額孔隙水壓 Δu 的變化吧。

 壓密開始前，孔隙水壓 u 為靜水壓，剛負載時（$t=0$）不會馬上開始排水，此時超額孔隙水壓 Δu 承載總應力增量 $\Delta \sigma$，接著因 Δu 逐漸排水而開始壓密。

然後……隨著排水，孔隙水壓 Δu 消散，產生了有效應力增量 $\Delta \sigma'$，當總應力增量 $\Delta \sigma$ 全由有效應力增量 $\Delta \sigma'$ 所支持，Δu 變為零，也就是孔隙水壓 u 變成靜水壓，排水和壓密都結束。

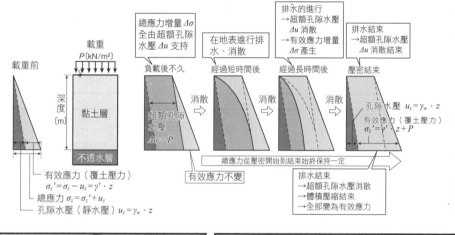

限定垂直方向的單向度壓密？

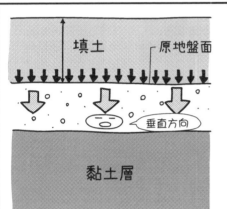

填土　　原地盤面

垂直方向

黏土層

比如，
載重作用為大範圍，受到垂直方向的壓力拘束，不容易產生側向變形，

所以，若以自然堆積的黏土層、大範圍的填土來壓密的話，水平方向的變形小到可以忽略，因此只考慮垂直方向即可。

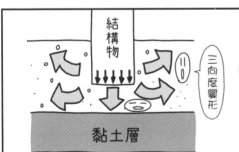

結構物

三向度變形

黏土層

若載重作用範圍小，水平方向也會變形，產生三向度壓密（three-dimensional consolidation）。而且因為土壤不是完全彈性體，所以理論壓密結束之後，仍然可能因潛變現象※4而繼續壓密。

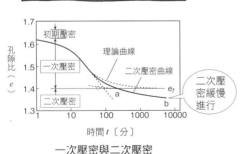

一次壓密與二次壓密

二次壓密緩慢進行

這也是德在基的課題……？

※4 一定荷重所導致的持續變形，稱為潛變（creep）。

遵守 Terzaghi 壓密理論的壓密，稱為「**主壓密（primary consolidation）**」，

理論無法說明的壓密最後部分，稱為「**次壓密（secondary consolidation）**」。我們從單向度壓密的分析理論，來看土壤的主壓密吧。

單向度的主壓密……

1 構成地盤的土壤均質。

2 土壤的孔隙水完全飽和。

3 土粒和孔隙水為不可壓縮性。

4 孔隙水僅垂直方向流動（遵從達西定律）。

5 土壤的壓密僅發生在垂直方向。

6 滲透係數 k、體積壓縮係數 m_v 在壓密的過程中為定值，壓密壓力 p 無變化。

想要證明 Terzaghi 德在基壓密過程的基礎方程式，需要先確定這些假設。

7 相對於壓密壓力 p，孔隙比 e 無變化，呈彈性性質。另外，地盤水平截面上的應力分布均勻，部分樣本表現的土壤性質和實際的地盤性質相同。

暈頭

這麼多……

根據這些假設而得到的壓密方程式會像這樣：

Terzaghi 的單向度壓密方程式

$$\frac{\partial u}{\partial t} = \frac{k}{m_v \gamma_w} \cdot \frac{\partial^2 \cdot u}{\partial z^2} = C_v \cdot \frac{\partial^2 \cdot u}{\partial z^2}$$

式中，u：超額孔隙水壓（文中為 Δu）
k：滲透係數（→p.87）、m_v：體積壓縮係數、
γ_w：水的單位體積重、C_v：壓密係數

這個式子重要的地方在於，以時間 t 和深度 z 的函數，來表示載重產生超額孔隙水壓 Δu 的消散。Terzaghi 藉由此方程式的解，成功求得地盤內某點的壓密隨時間的變化。

地表沉陷的程度就是各點壓密的相加嘛。

然後，由這個公式可以知道，右式的 C_v 是影響應密進行速度的「壓密係數」（單位一般為 cm^2／day），滲透係數 k 愈大、體積壓縮係數 m_v 愈小，C_v 愈大。

滲透性愈高，超額孔隙水壓 Δu 愈快消散；壓縮性愈小，壓密愈早結束。和壓密係數 C_v 相同，超額孔隙水壓 Δu 隨時間的變化（左式）和土壤的滲透性（滲透係數 k）成正比，與壓縮性成反比。

話說回來，這個體積壓縮係數 m_v 該怎麼求得呢？

求壓密方程式所需要的各值，可利用室內載重增量的「壓密試驗」（→p.173）。

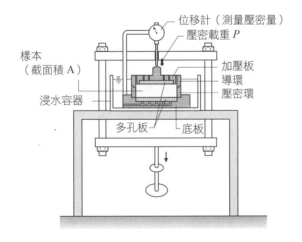

壓密試驗儀器示意圖

在壓密試驗中，藉由階段性增加荷重，孔隙比 e 會隨著壓密壓力 p 減少，製成普通關係圖和對數關係圖，如下所示：

細粒土的初期孔隙比 e 大，在相同壓密壓力增量 Δp 下，細粒土的孔隙比減量 Δe 愈大，壓縮性也愈大。

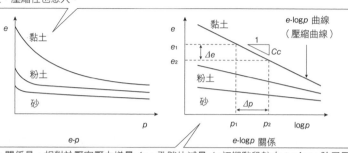

e-p 關係是，相對於壓密壓力增量 Δp，孔隙比減量 Δe 初期階段較大；e-log$p$ 除了壓密壓力 p 較小的階段，幾乎都是直線變化。

壓密壓力增量 Δp 和孔隙比減量 Δe 的關係，會因土壤種類而異，所以我們可以藉此預測壓密隨時間的變化，以下面兩個值來表示土壤的壓縮性：

①相對壓密壓力增量 Δp 的孔隙比減量 Δe → 壓縮指數 C_c
②相對壓密壓力增量 Δp 的體積應應變 ε_v → 體積壓縮指數 m_v

因為C_c是相對Δp的Δe，也就是壓密試驗曲線的斜率。

了不起耶。圖中穿過彎曲點的直線斜率，分別為壓縮係數 a_v〔m²／kN〕、壓縮指數 C_c〔m²／kN〕，可表示成下述公式：

$$壓縮係數：a_v = \frac{e_1 - e_2}{p_2 - p_1} = \frac{-\Delta e}{\Delta p}$$

$$壓縮指數：C_c = \frac{e_1 - e_2}{\log_{10} p_2 - \log_{10} p_1} = \frac{\Delta e}{\log_{10} \dfrac{p_1 + \Delta p}{p_1}}$$

p_1、p_2 分別為對應孔隙比 e_1、e_2 的壓密壓力。

再來，體積壓縮係數 m_v 是，相對壓密壓力增量 Δp 的體積減少比例（體積應變 $\varepsilon_v = \Delta V/V_1$），可表示成下述式子：

$$m_v = \frac{\varepsilon v}{\Delta p} = \frac{\Delta V/V_1}{\Delta p} = \frac{e_1 - e_2}{1 + e_1} \cdot \frac{1}{p_2 - p_1} = \frac{\Delta e/(1+e)}{\Delta p} = \frac{a_v}{1 + e}$$

$$\left(= \frac{C_c}{(p_2 - p_1) \cdot (1 + e_1)} \cdot \log_{10} \frac{p_2}{p_1} \right)$$

嗯……我不是很瞭解這個複雜的式子，但大概知道分別代表的意義。

妳可能已經開始感到混亂了，但這邊必須再說明一個土壤的壓密特性。壓密是不可逆性的，也就是說，即便去除壓密壓力（壓密應力）p，減少的孔隙比 e 也不會恢復原狀。

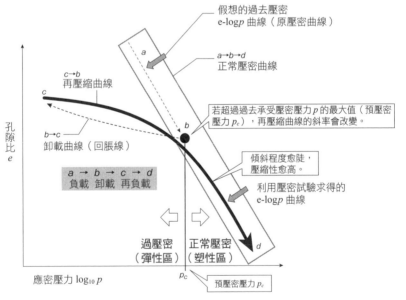

預壓密壓力 p_c、正常壓密與過壓密

164

比如，使用現場採取的未擾動樣本進行壓密試驗，原本已經壓密成為虛線a→b，在去除現場壓密壓力 p 後，孔隙比 e 不會以原本的路徑恢復原狀，而是沿著虛線b→c膨脹。

將這個試料再次階段負載（再負載）來進行壓密，會暫時折返膨脹的路徑而壓縮（c→b），荷重增加到超過原本的壓密壓力 p 時，會沿著過去壓密路徑（a→b）的斜率進行壓密（b→d）。

如此，土壤因壓密從彈性區轉變成塑性區的壓密壓力 p，稱為**「預壓密壓力（preconsolidation pressure）p_c」**，可利用卡沙格蘭地（Casagrande）法和三笠法（→p.177）來計算。

圖中的正常壓密和過壓密是指什麼？

目前所承受的壓密壓力 p 為至今的最大值，也就是比預壓密壓力 p_c 還要大的壓密，稱為「正常壓密（normal consolidation）」，這樣狀態的黏土稱為「正常壓密黏土」。另一方面，過去曾有比現在還要大的應力，也就是壓密壓力 p 小於預壓密壓力 p_c 的壓密，稱為「過壓密（over consolidation）」，這樣狀態的黏土稱為「過壓密黏土」。

順便一提，採樣試料現地的覆土壓力 $\sigma_z{}'$ 相對預壓密壓力 p_c 的比值，稱為過壓密比OCR（over consolidation ratio），過壓密黏土的OCR＞1；正常壓密黏土的OCR＝1。

所以說，預測壓密沉陷量、沉陷時間所需的各值，可由室內壓密試驗結果得到，但室內的條件和工地現場並不相符，需要注意解讀試驗結果的方式。

5.4 壓密沉陷的預測

接著，實際在工地現場時，除了要掌握土壤的壓密特性之外，我們也需要預測「載重造成多少沉陷？（壓密沉陷量）」、「沉陷量隨著時間經過如何進行？（壓密沉陷隨時間的變化）」。

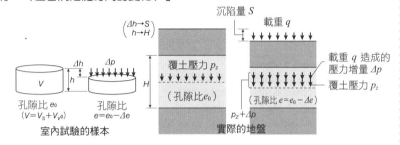

壓密沉陷進行中

為此，我們需要進行鑽探調查，把握現場的地層結構、土質和地下水位，採取壓密對象層的未擾動試料，進行壓密試驗，在樣本的壓密和現場相同的前提下，預測壓密沉陷量和壓密沉陷隨時間的變化。

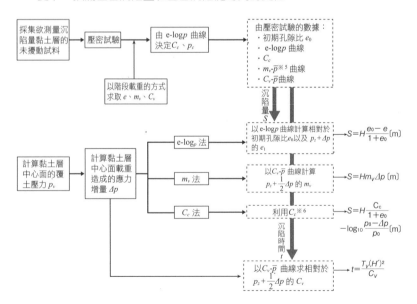

壓密沉陷的計算步驟

※5 平均壓密壓力（kN/m²）。其中 $p=\sqrt{p/p'}$，p' 為階段性負載前的壓密壓力（kN/m²）。

※6 黏土層的處理方式會因正常壓密或過壓密而不同。

166

那麼，我們就來一個一個確認吧，妳要跟上喔。

嗯，我會加油的……！

首先，壓密沉陷量（沉陷量 S）的預測可由下述的步驟進行（→p.178）。

①**計算初期應力** p_0：負載前壓密層產生的覆土壓力 σ_z' 即為初期應力 p_0。

②**計算應力增量** Δp：荷重在壓密層產生的總應力增量 $\Delta\sigma_z$ 即為應力增量 Δp[※7]。

③**計算孔隙比減量** Δe：從壓密試驗結果的 e-log$p$ 曲線中，讀取壓密壓力 p_1（$=p_0+\Delta p$）的孔隙比 e_1，以及初期壓力 p_0 的初期孔隙比 e_0，計算孔隙比減量 $\Delta e(=e_0-e_1)$。

④**計算沉陷量** S：根據負載前的覆土壓力 p_0、負載後的壓密壓力 p_1 是為正常壓密或過壓密，分別以「Δe 法（e-log$p$ 法）」、「C_c 法」、「m_v 法」來計算沉陷量 S（壓密層的層厚減量 ΔH）。

「Δe 法（e-log$p$ 法）」、「C_c 法」、「m_v 法」……

因應工地現場的狀況和目的，分別使用不同的方法。我們會在下一頁說明各種計算方法。

不同設計標準適用的壓密沉陷計算法

	e-log$p$ 法	C_c 法	m_v 法
日本建築基礎結構設計規範	適用	求取設計用 e-log$p$ 曲線	
日本道路橋梁準則、下部構造	適用	正常壓密黏土	
日本道路土工規範（軟地盤對策）	適用	正常壓密黏土	正常壓密黏土
日本鐵路結構物設計規範	適用		
日本海灣設施的技術準則	適用		適用

（一般表層地盤大多為過壓密狀態，此時僅能使用 m_v 法）

※7 大範圍填土載重時，地盤內部會產生相同的應力增量，但一般垂直方向和水平方向的應力增量則不同。

① Δe 法（e-log$p$法）：

Δe 法是，根據地盤上新增的荷重和沿著e-log$p$曲線產生的孔隙比減量 Δe 為基礎，直接從e-log$p$曲線讀取 $p_1(=p_0+\Delta p)$ 的孔隙比 $e_(=e_0-\Delta e)$，代入下式計算沉陷量 S〔m〕：

$$S = \frac{e_0 - e_1}{1 + e_0} \cdot H_0 = \frac{\Delta e}{1 + e_0} \cdot H_0$$

式中，H_0：壓密層的初期厚度〔m〕
Δe 法可不受正常壓密或過壓密的影響，直接求得沉陷量 S，但大規模的調查最好用多個e-log$p$曲線製作代表曲線，需從多個e-log$p$曲線讀取 p 的e值。

② C_c 法：

C_c 法是，以 e-log$p$ 曲線呈直線部分（正常壓密區）的斜率作為壓縮指數 C_c，代入下式計算沉陷量 S〔m〕：

$$S = \frac{C_c}{1 + e_0} \cdot H_0 \cdot \log \frac{p_1}{p_0} = \frac{C_c}{1 + e_0} H_0 \cdot \log \frac{p_0 + \Delta p}{p_0}$$

C_c 可以簡單幾何化，但僅限壓密層為正常壓密黏土的狀態[8]。

③ m_v 法：

m_v 法是，以伴隨階段性負載的樣本層厚度變化，作為體積壓縮係數 m_v，代入下式計算沉陷量 S〔m〕。

$$S = m_v \cdot \Delta p \cdot H_0$$

m_v 法是三種計算方法中最為簡化的，但無法以壓密試驗得到準確的 m_v 曲線，因此大多只是用來掌握大致的沉陷量。

※ 8 應用建築標準的方法，即便有過壓密狀態，式子也能夠幾何化。

嗯——好難唷。

再加油一下！像這樣，沉陷量S可由根據壓密試驗結果的三種方法來計算，壓密結束後（ $t=\infty$ ）的最終下沉量（最終下沉量 S_f ）也是相同的道理，可以不必理會Terzaghi的壓密理論。

與此相對，壓密沉陷隨時間的變化（沉陷量與時間的關係）則是根據Terzaghi的壓密理論，依不同目的，由下述三個步驟來預測。

還有三個步驟！

預測壓密沉陷所需的時間（壓密時間 t ）：

假設壓密結束時壓密程度（超額水壓 Δu 的消散程度）為 100% ，令壓密層內深度 z 處隨時間變化的壓密程度為「壓密度 U_z 」（ $\%$ ）、壓密層整體平均的壓密度為「平均壓密度 U 」（壓密度 U ），由壓密度 U 與時間係數 T_v 的關係，可依下列步驟計算到達任意壓密度 U 時，所需的壓密時間 t 。

①**計算壓密係數** C_v ：由壓密試驗的結果，計算壓密係數 C_v （→p.173）。

②**讀取時間係數** T_v ：如下圖，從壓密方程式中，壓密度 U 和時間係數 T_v 的關係（ $U-T_v$ 關係），可得任意壓密度 U 對應的時間係數 T_v 。

初期超額孔隙水壓分布
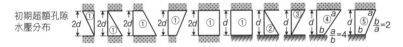

時間係數 T_v

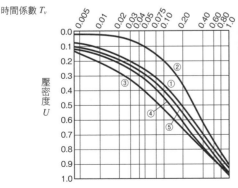

壓密度	時間係數 T_v		
U	①	②	③
0.1	0.008	0.047	0.003
0.2	0.031	0.100	0.009
0.3	0.071	0.158	0.024
0.4	0.126	0.221	0.048
0.5	0.197	0.294	0.092
0.6	0.287	0.383	0.160
0.7	0.403	0.500	0.271
0.8	0.567	0.665	0.440
0.9	0.848	0.940	0.720

壓密度 U －時間係數 T_v 的關係[9]

※9 各初期條件、邊界條件對應的 $U-T_v$ 關係。

從 $U - T_v$ 關係圖可見，各種初期條件（壓密開始 $t=0$ 的超額孔隙水壓 Δu 分布）、邊界條件（壓密層邊界處的超額水壓 Δu），此 $U - T_v$ 關係不受土壤種類的影響。

③**掌握排水距離** d：由壓密層的層厚 H 和現場的地層結構，判斷為雙面排水還是單面排水，以求排水距離 d。

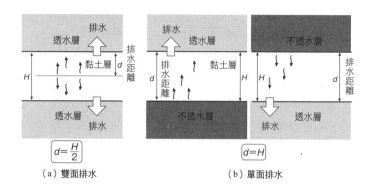

（a）雙面排水　　　　　　　　　（b）單面排水

層厚 H 壓密層中的孔隙水，因壓力 p 而排水的最長距離，稱為「排水距離（排水長）d」。圖（a）黏土層夾在兩砂層的雙面排水，排水距離為 $d=H/2$；圖（b）單側為岩盤等構成的單面排水，排水距離為 $d=H$[※ 10]。

計算壓密時間 t：將①壓密係數 C_v、②時間係數 T_v 和③排水距離 d 代入下式，計算到達任意壓密度 U 所需的壓密時間 t。

$$t = \frac{T_v \cdot d^2}{C_v}$$

由這個式子我們可以知道，壓密時間 t 和黏土層的排水距離 d 的平方成正比、與壓密係數 C_v 成反比。

※ 10 砂層用來表示排水條件（邊界的超額孔隙水壓 $\Delta u=0$）；岩盤用來表示不排水條件（邊界的流速 $v=0$）。

也就是說，想要促進壓密，利用縮短壓密層的排水距離 d 是最有效的方法。比如下圖的「砂樁排水法（sand drain method）」，將砂樁打入軟質黏土層，使黏土中的水，往水平方向聚集，促進壓密。

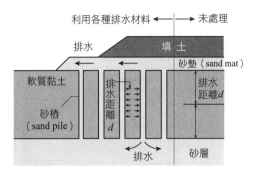

砂樁排水法示意圖

最後，經過任意壓密時間 t 的壓密層沉陷量 S_t，可由下述步驟求得：

① **計算最終沉陷量** S_f：將壓密試驗結果代入三種方法（Δe 法、C_c 法、m_v 法），計算壓密層的最終沉陷量 S_f。

② **計算時間係數** T_v：如同前述壓密時間 t 的預測，求壓密係數 C_v、排水距離 d，將任意壓密時間 t 代入下式，求時間係數 T_v。

$$T_v = \frac{C_v}{d^2} \cdot t$$

③ **讀取壓密度** U_t：同前述壓密時間 t 的預測，由圖讀取②時間係數 T_v 對應的壓密度 U_t。

④ **計算沉陷量** S_t：將①最終沉陷量 S_f、③壓密度 U_t 代入下式，計算經過任意壓密時間 t 的沉陷量 S_t〔m〕。

$$S_t = S_f \cdot \frac{U_t}{100}$$

☐ 土壤的壓縮與變形：

物體沿著壓縮力作用方向變形的現象，稱為「壓縮」。飽和土受到壓縮力的作用，土粒結構會變形（土粒的移動）而擠出孔隙水，土壤體積會隨著排出的水而減少，促進壓縮。飽和黏性土的孔隙比、含水量大但滲透性低，所以排水所需時間比較長。靜載重壓縮比較緩慢，稱為「壓密」。其他的土壤壓縮方式還有夯實、剪斷，我們需要根據不同的物理性質、力學性質來區分。

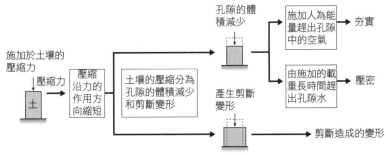

☐ 土壤的壓密試驗（JIS A 1217）

（1）試驗目的與概要：

「土壤的壓密試驗」是為了要求得壓密係數 C_v、體積壓縮係數 m_v、壓縮指數 C_c 以及預壓密壓力 p_c，以便推算飽和黏性土層構成的地盤沉陷量、沉陷時間，在室內進行試驗。

（2）試驗器具與步驟：

一般進行的土壤壓密試驗（階段性負載的壓密試驗）是，從工地現場採集未擾動試料，經下述步驟製作樣本（直徑 6cm、高 2cm），固定後置入壓密槽，以垂直方向進行階段性負載（壓密壓力 p）。

樣本的上下面和多孔板（濾水石）銜接，沉陷前的排水長為 1cm

①經過時間 $t = 0$ 之後不久的位移計刻度 d_i〔mm〕。

②第 1 階段的壓密壓力為 $p = 9.8$ kN/m²，以不增加額外衝擊力的方式負載，開始壓密。

③讀取負載經過時間 t 為 6、9、12、18、30、42 秒，1、1.5、2、3、5、7、10、15、20、30、40 分，1、1.5、2、3、6、12、24 小時的位移計刻度 d〔mm〕，作為壓密量。

④第 2 階段壓密壓力 p（以荷重增量比為 $\Delta p/p = 1$ 的比例增加為 19.6、39.2、78.5、157、314、628、1256 kN/m²）以和②、③相同步驟負載，讀取經過時間 t 的位移計刻度 d。

⑤移除所有壓密壓力 p 之後，以壓密環將樣本完全移至蒸發皿中，置入乾燥爐乾燥（110℃ ± 5℃），測量樣本的乾燥質量 m_s〔g〕。

（3）試驗結果：

1. 整理壓密量－時間的關係

適用壓密理論，為了計算壓密係數 C_v，以「$\sqrt{t}$ 法」或者「曲線尺法」來整理壓密量－時間的關係，計算下列各值：

· 理論壓密度 0 % 的位移計刻度 d_0〔mm〕

· 理論壓密度 100 % 的位移計刻度 d_{100}〔mm〕

· （$\sqrt{t}$ 法）理論壓密度 90 % 的時間 t_{90}〔min〕

· （曲線尺法）理論壓密度 50 % 的時間 t_{50}〔min〕

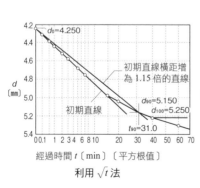

利用 $\sqrt{t}$ 法

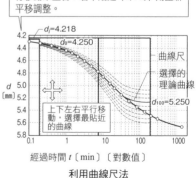

在實驗曲線中加入 d_i 橫線，當與曲線尺最上面的線（U = 0）貼近 $d_i = d_0$，以左右平行移動來重合；若不貼近（$d_i \neq d_0$）則重新平移調整。

利用曲線尺法

2. 製作壓密量－時間曲線

以位移計的值 d 為縱軸、經過時間 t 的對數值為橫軸，作圖壓密量－時間曲線（d-log$t$ 曲線），再由壓密量－時間的關係圖來求值。

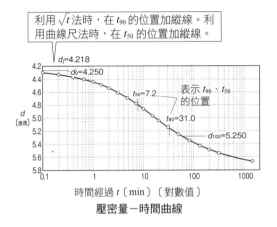

利用 $\sqrt{t}$ 法時，在 t_{90} 的位置加縱線。利用曲線尺法時，在 t_{50} 的位置加縱線。

壓密量－時間曲線

3. 計算主壓密與壓密係數

依照下述步驟計算主壓密比 r 和壓密係數 C_v：

①各負載階段的壓密結束時，計算樣本高度 H〔cm〕和平均樣本高度 $\overline{H}$〔cm〕：

$$H = H' - \Delta H \ \text{〔cm〕}$$
$$\overline{H} = \frac{H + H'}{2} \ \text{〔cm〕}$$

H'：上一個階段壓密結束時的樣本高度〔cm〕。

②計算各負載階段的主壓密比 r：

$$r = \frac{\Delta H_1}{\Delta H}$$

③計算各負載階段的壓密係數 C_v〔cm²/d〕：

（$\sqrt{t}$ 法） $c_v = 0.848 \left(\frac{H + H'}{2} \right)^2 \cdot \frac{1440}{t_{90}}$ 〔cm²/d〕

（曲線尺法） $c_v = 0.197 \left(\frac{H_n}{2} \right)^2 \cdot \frac{1440}{t_{50}}$ 〔cm²/d〕

④計算各負載階段的壓密修正係數 σ_z'：

$$c_v = r \cdot c_v \ \text{〔cm²/d〕}$$

⑤以 σ_z' 或 C_v 的對數值為縱軸、平均壓力 $\overline{p}$ 的對數值為橫軸，製作 $\log c_v - \log \overline{p}$ 的關係圖。

4. 體積壓縮係數及滲透係數的計算

依照下述的步驟，計算體積壓縮係數 m_v 及滲透係數 k：

①計算各負載階段的壓縮應變 $\Delta\varepsilon$〔％〕：

$$\Delta\varepsilon = \frac{H + H'}{2} \times 100 \ \text{〔％〕}$$

②計算各負載階段的體積壓縮係數 m_v〔m²/kN〕：

$$m_v = \frac{\dfrac{\Delta\varepsilon}{100}}{\Delta p} \ \text{〔m²/kN〕}$$

Δp：各階段的壓密壓力增量〔kN/m²〕

③由下述式子計算平均壓密壓力，以 m_v 的對數值為縱軸、平均壓密壓力 $\overline{p}$〔kN/m²〕的對數值為橫軸，作圖 $\log m_v - \log\overline{p}$ 的關係圖。

$$\overline{p} = \sqrt{p \cdot p'}$$

式中，p'：上一負載階段的壓密壓力〔kN/m³〕。

④根據需要，計算各負載階段的滲透係數 k〔cm/s〕

$$k = c_v \times m_v \times \frac{\gamma_w}{8.64 \times 10^6}$$

γ_w：水的單位體積重量〔kN/m³〕（＝9.8kN/m³）

5. 計算壓縮指數

依照下述的步驟，計算壓縮係數 C_v：

①計算各壓密壓力 p 壓密結束時的孔隙比 e 及體積比 f：

$$e = f - 1$$
$$f = \frac{H}{H_s}$$

②以孔隙比 e 或者體積比 f 為縱軸、壓密壓力 p 的對數值為橫軸，製作 $e-\log p$ 曲線或者 $f-\log p$ 曲線。

③取 $e-\log p$ 曲線或 $f-\log p$ 曲線上明顯直線部分的 a、b 點，計算壓縮指數 C_c：

（$e-\log p$曲線）$C_c = \dfrac{e_a - e_b}{\log\left(\dfrac{p_b}{p_a}\right)}$

（$f-\log p$曲線）$C_c = \dfrac{f_a - f_b}{\log\left(\dfrac{p_b}{p_a}\right)}$

若明顯看不出直線部分，可取最大斜率部分計算直線的近似值。

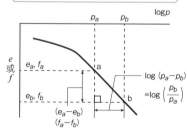

6. 計算預壓密壓力

計算土壤的預壓密壓力 p_c 的方法有：「卡沙格蘭地法」和「三笠法」。

卡沙格蘭地法（Cassgrarde）※11：

①求 $e-\log p$ 曲線或 $f-\log p$ 曲線上最大曲率的A點。

②由A點畫出水平線AB及切線AC。

③畫出直線AB、AC的等分線AD，將欲求壓縮指數 C_c 的斜直線延長，求得兩線交於E點。

④交點E的橫座標即為預壓密壓力 p_c。

三笠法：

①由壓縮指數 C_c 計算 $C_c' = 0.1 + 0.25C_c$，求出斜直線 σ_z' 與 $e-\log p$ 曲線或者 $f-\log p$ 曲線的切點A。

②畫出通過切點A的斜直線 $C_c'' = C_c'/2$，延長欲求壓縮指數 C_c 的斜直線，兩線交於B點。

③交點B的橫座標即為預壓密壓力 P_c。

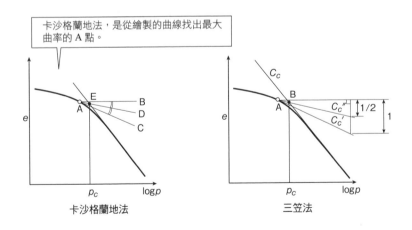

卡沙格蘭地法，是從繪製的曲線找出最大曲率的 A 點。

卡沙格蘭地法　　　　　　三笠法

※11卡沙格蘭地法中，最大曲率的點會因不同的縱軸刻度規格而不同，同時也會影響預壓密壓力，所以我們需要注意刻度的規格。另外，若以卡沙格蘭地法、三笠法皆無法求預壓密壓力，可以壓密壓力為算數值，製作 $e-\log p$ 曲線或 $f-\log p$ 曲線，若曲線看不出有凸起的部分就可不必求預壓密壓力。

❏ 計算沉陷量

【例題1】

　　如圖，砂層與砂礫層之間夾的黏土層厚為 6cm。根據壓密試驗結果，黏土壓密係數為 $C_v = 140$ cm²/day、孔隙比 $e = 1.20$、壓縮指數 $C_c = 0.75$。在這個地盤上，大範圍負載了單位體積重量 $\gamma_t = 18.0 kN/m^2$、厚度 D＝3m 的填土荷重。試回答下列問題：

①試求填土負載前，黏土層中心的應力 p_0。
②試求填土負載後，黏土層中心的應力 p_1。
③試求填土負載前後孔隙比 e 的變化量 Δe。
④求此地盤的最終沉陷量 S_f。

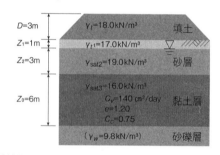

【解答】

①黏土層中心產生的應力 p_0，也就是距地表深 $z = 7m$ 處承受的覆土壓力 $\sigma_z{}'$：

$$p_0 = \gamma_{t1} \cdot z_1 (\gamma_{sat2} - \gamma_w) \cdot z_2 + (\gamma_{sat3} - \gamma_w)\frac{H_0}{2} = 17.0 \times 1 + (19.0 - 9.8) \times 3 + (16.0 - 9.8) \times 3$$
$$= 63.2 \, kN/m^2$$

（→第4章）。

②填土荷重的應力增量 Δp 是填土的單位體積重量 r 乘以厚度 D：

$$\Delta p = \gamma_t \cdot D = 18.0 \times 3 = 54 \, kN/m^2$$

填土負載後，黏土層中心承受的應力 p_1，為負載前應力 p_0 加增量 Δp：

$$p_1 = p_0 + \Delta p = 63.2 + 54 = 117.2 \, kN/m^2$$

③填土負載前後孔隙比 e 的變化量 Δe，如下式：

$$\Delta e = e_0 - e_1 = C_c \cdot \log\frac{p_1}{p_0} = 0.75 \cdot \log\frac{117.2}{63.2} = 0.201$$

④此地盤的最終壓密沉陷量 S_f，如下式（p.168）：

$$S_f = \frac{C_c}{1 + e_0} H_0 \cdot \log\frac{p_1}{p_0} = \frac{0.75}{1 + 1.20} \cdot 6.0 \cdot \log\frac{117.2}{63.2} = 0.55 \, m$$

178

☐ 預測經過時間

【例題 2】
請根據**例題** 1 的地盤壓密沉陷，試回答下列問題：
①試求到達最終沉陷量 S_f 90％沉陷量所需要的天數。假設填土載重造成
　的地盤內應力沿深度方向均勻分布。
②若黏土層下方為不透水性的岩盤，試求到達最終沉陷量 S_f 90％沉陷量
　所需要的天數。

【解答】
①因為是雙面排水，所以排水長為 $d = 600/2 = 300\,cm$，由 $U-T_v$ 關係（→
　p.169）可知，壓密度 90％的時間係數為 $T_v = 0.848$。因此，壓密時間 t
　如下式計算（p.170）：

$$t = \frac{d^2}{c_v}\,T_v = \frac{300^2}{140} \cdot 0.848 = 545\ \text{day}$$

②因為是單面排水，所以排水長為 $d = 600\,cm$，同①，壓密度 90％的時間
　係數為 $T_v = 0.848$。因此，壓密時間如下式計算：

$$t = \frac{d^2}{c_v}\,T_v = \frac{600^2}{140} \cdot 0.848 = 2180\ \text{day}$$

第 **6** 章

土壤的強度

所以，土門同學，我想拜託你進行預備調查。

突然找你過來，不好意思。

生產大學想要新建學生宿舍，拜託我對地點的選擇給予一些建議。

加納研究室

哎！拜託我嗎？

你的確是個怪人，但對土壤的熱情、知識是學校裡屈指可數的。

…好吧，我接受這項提議。

而且，這經驗對你以後的研究生涯也是很有幫助，你覺得怎麼樣？

但是，我可以提出一個條件嗎？

因為所以，
我們土壤研究社
決定進行地盤調查。

哇！
好厲害！

學生宿舍候補地

若不表現一下，
土壤研究社就像是
風中殘燭嘛……

嗯！

呢喃……

咳嗯！

總之，想要安全的設計、
施工結構物，

根據現地的條件，
正確的掌握「土壤的強度」
是很重要的事情。

土壤的強度？

首先，我們身邊常見的……
衛生筷和橡皮筋的強度
會是如何呢？

衛生筷

橡皮圈

強度？

嗯嗯嗯嗯！

嗚嗚嗚嗚

剛才妳們拉扯橡皮筋、彎折衛生筷，是因為認為這樣的應力狀態能夠破壞物體。

作為壓縮建材的混擬土，是根據壓縮強度所設計的。

那麼，土壤的強度呢？

與其說是壓縮損壞……感覺更像是崩塌、滑走。

嗯……能拉扯、彎折的建材不可使用……

沒錯。地盤、土壤結構物的「崩塌」、「滑走」等破壞，可以想做是「剪切（shear）」。

土壤因自身重量、荷重在地盤內產生「剪切力 T」，土讓作用於地盤內的「剪應力（shear stress）τ」，則由「抗剪力（shear resistance）」來抵抗。

剪切……嗎？

例如剪刀的刀刃並不是將紙夾住壓縮，而是藉由兩枚刀刃截面平行而反方向的作用力來切斷紙張。

這樣的破壞，我們稱為「剪切破壞（shear failure）」產生的截面稱為「剪切面」。

地盤內部也是相同的道理，因剪應力 τ 產生變形，當達到抗剪的臨界時，土壤便會急遽變形，發生剪切破壞。

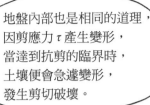

剪切面

啪～～

嗯！極限了……

強

啪～～

抗剪力！

剪切破壞

此時，土壤能夠抵抗的最大剪應力，我們稱為「抗剪強度（shearing strength）」……

妳們知道土壤是怎麼抵抗的嗎？

嗯……土壤是土粒結構和孔隙的集合體……所以土粒之間……是靠著黏聚力和摩擦力在抵抗嗎？

黏聚

摩擦

沒錯！土壤的抗剪強度 s 和黏聚力 c、內部摩擦角 ϕ（internal friction angle）[1] 有關，

這些稱為「剪力係數」[2]。

黏聚……

摩擦……

土粒之間是以黏聚力和摩擦力的抵抗，發揮土壤的抗剪強度 s……

※1 也稱為「抗剪角（angle of shear resistance）」。
※2 也稱為土壤的「強度係數」。

6 1 土壤的強度是什麼？

那麼，
我們來看看實際土壤的抗剪強度 s 吧。

邊坡穩定不崩滑（穩定問題）、結構物承載不傾斜（承載問題）……

兩者都是土壤不受到剪切破壞，剪應力 τ 大於抗剪強度 s 是必要條件。

削土邊坡

滑面　　　　　滑面

填土

滑面

結構物

滑面

重要的是界線要清楚。

然後，針對作用於剪切面上的應力與抗剪力關係，「莫爾」和「庫倫」提出了土壤的「破壞準則」。

破壞準則？

破壞準則是以界線表示土壤達到剪切破壞的臨界狀態（剪應力 τ ＝抗剪強度 s）。

莫爾（Mohr）和庫倫（Coulomb）根據室內剪切試驗，定義了土壤抗剪強度和剪力係數之間的關係。

在上下分開的模板內部，對試料（截面積A）施加固定的垂直力P（垂直應力$\sigma = P/A$），逐漸增加剪力T（剪應力$\tau = T/A$），不久達到抗剪強度s，發生剪切破壞。如同這樣，對某垂直應力σ求其抗剪強度s的試驗，稱為「直剪試驗（Direct shear test，或稱單面剪切試驗）」，比如以三階段垂直應力σ來表示得到的抗剪強度s，$\sigma-s$的關係如下（→p.208）：

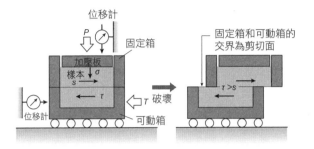

直剪試驗的示意圖

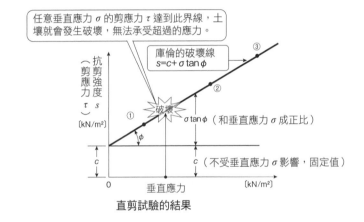

直剪試驗的結果

啊，這條斜線就是剪切破壞的界線？

抗剪強度s隨著垂直應力σ呈現直線變化！

妳注意到重點囉。如右圖，當在坐墊上方增加力量愈多，也就是隨著垂直應力σ的增加，摩擦力也會增加，坐墊變得不容易抽出來。舉這樣的例子比較容易理解。

如同上述，由 $s-\sigma$ 關係畫出的直線，稱為「庫倫破壞線」，庫倫將這條破壞線與黏聚阻力、摩擦阻力、抗剪強度 s 的關係，以「庫倫公式」（庫倫破壞準則）來表示：

$$s= \underbrace{c}_{黏聚阻力} + \underbrace{\sigma \tan \phi}_{摩擦阻力}$$ （庫倫公式）

s：抗剪強度、c：黏聚力、ϕ：內摩擦角（$\tan \phi$：摩擦係數）

以破壞線的截矩和斜率，定義剪切係數和抗剪強度 s 的關係嘛。

土壤的抗剪強度 s 是，一定的黏聚阻力（c）加上與垂直應力 σ 成正比的摩擦阻力（$\sigma \tan \phi$）……

黏聚力 c 相當於垂直應力 $\sigma= 0$ 時的抗剪強度 s……但這個值會因土壤的種類、結構不同而異吧？

舉例來說，黏性土、固化土等獨立的土壤，會根據土粒間的結合力而不同，乾燥砂質土的黏聚力通常是 $c\fallingdotseq0$。

那個……我不太懂什麼是內摩擦角……

內摩擦角 ϕ 是以角度來表示抵抗程度，會因土粒間的摩擦、咬合而不同。在平地堆疊起來的砂、碎石自然形成的傾角，我們稱為「安息角（安定角）」※4，內摩擦角 ϕ 與安息角有關。

圓形顆粒的砂山　　　　　　　稜角顆粒的砂山

那麼，土粒間的摩擦愈大，表示安息角愈大？

※3 抗剪強度 s 中的摩擦阻力與剪切面的垂直應力 σ 成正比，作為比例係數的摩擦係數 $\tan \phi$，其角度即為內摩擦角。

※4 安息角（repose angle）為，土壤斜面自然穩定下形成的最大傾角。砂質土可以直接測定的安息角來推算內摩擦角 ϕ。

比如，我們可以在沙漏上下容器中看到凹凸的斜面。砂質土沒有黏聚阻力，安息角會因粒子形狀、密度呈 30～35°的穩定狀態，但黏性土因黏聚阻力作用，安息角並不固定。

不管是哪種情形，黏聚力 c 和內摩擦力角 ϕ 都可藉由直剪試驗，以單純的原理直接測得，但、是……

嗯……若直接試驗，土壤會受到上下模具拘束……但沙漏跟現場不一樣，剪切面產生的位置是固定的。

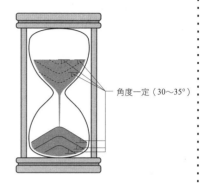

角度一定（30～35°）

沙漏中的安息角

而且，自然情況下，剪切力 T 不會直接正面作用於剪切面……這樣一來，我們該怎麼計算任意面上間接產生的抗剪強度 s 呢？

我們可以將地盤內某點受到的應力，分成通過該點垂直作用於任意面的垂直應力 σ 和水平作用的剪應力 τ 來思考。那麼，我們來看穩定狀態下地盤內單位長的立方體吧。

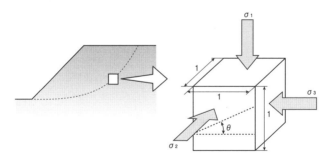

穩定狀態下，作用於地盤內部的應力

所有面都受到壓縮應力作用時，相互垂直的主應力[5]依大小順序稱為「最大主應力 σ_1」、「次要主應力 σ_2」、「最小主應力 σ_3」。一般來說，地盤內的最大主應力 σ_1 為覆土壓力 σ'，次要主應力 σ_2 和最小主應力 σ_3 來自相鄰土壤的壓力（土壓）（→第 7 章）。

討論立方體、圓柱等軸對稱的時候，可以忽略次要主應力 σ_2，只需要考慮最大主應力 σ_1 和最小主應力 σ_3 就可以了。

當立方體內某點受到最大主應力 σ_1、最小主應力 σ_3 如下圖所示時，由通過該點任意面AB（角度 θ）的平衡條件[6]，計算單位深度的垂直應力 σ 和剪力 τ ……

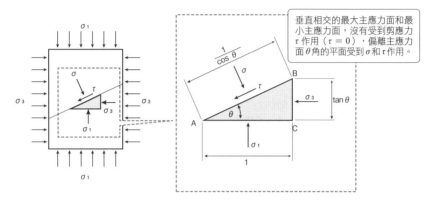

地盤內部微小部分的最大主應力 σ_1 和最小主應力 σ_3

・由該面的垂直平衡條件來計算垂直應力 σ：

$$\sigma\,\overline{AB} = \sigma_1\overline{AC} \cdot \cos\theta + \sigma_3\overline{BC} \cdot \sin\theta$$

$$\therefore \sigma = \sigma_1 \cdot \cos^2\theta + \sigma_3 \cdot \sin^2\theta$$

$$= \frac{1}{2} \cdot (\sigma_1 + \sigma_3) + \frac{1}{2} \cdot (\sigma_1 - \sigma_3) \cdot \cos 2\theta$$

・由該面的水平平衡條件來計算剪應力 τ：

$$\tau\,\overline{AB} = \sigma_1\overline{AC} \cdot \sin\theta - \sigma_3\overline{BC} \cdot \cos\theta$$

$$\therefore \tau = \sigma_1 \cdot \cos\theta \cdot \sin\theta - \sigma_3 \cdot \sin\theta \cdot \cos\theta = \frac{1}{2} \cdot (\sigma_1 - \sigma_3) \cdot \sin 2\theta$$

※5 假定剪應力 $\tau = 0$ 的面為「主應力面」，作用於該面的垂直應力 σ 為「主應力」，σ_1、σ_3 的作用面分別為最大主應力面和最小主應力面。

※6 立方體在地盤內部處於穩定狀態（靜止狀態），所以平衡條件成立。

190

由這些式子可以推得：

$$\left(\sigma_\theta - \frac{\sigma_1 + \sigma_3}{2}\right)^2 + \tau^2 = \left(\frac{\sigma_1 - \sigma_3}{2}\right)^2$$

嗚……尋找間接的抗剪強度 s，感覺好像要迷路了……

所以，我們才要畫出地圖來啊。那麼，以垂直應力 σ 為橫軸、剪應力 τ 為縱軸，這個式子會呈現什麼的形狀呢？

嗯……$(x-a)^2+(y-b)^2=r^2$ 是……以點 (a,b) 為圓心、半徑 r 的圓方程式嘛。

也就是說，這是以 $((\sigma_1+\sigma_3)/2, 0)$ 為圓心座標 O'、$(\sigma_1+\sigma_3)/2$ 為半徑的圓！

沒錯！根據垂直應力 σ 和剪應力 τ 公式，所有點連成的軌跡稱為「莫爾應力圓（Mohr's stress circle）」。我們可以由圖形看出，垂直應力 σ 和剪力 τ 會隨著角度 θ 的大小變化。

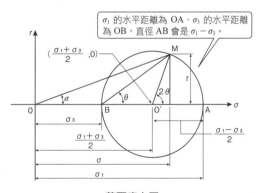

莫爾應力圓

圓上中心角 2θ 的M點座標表示，作用於角度 θ 滑面的垂直應力 σ 和剪應力 τ！

也就是說……我們只要畫出剪切破壞時的莫爾應力圓，就能夠從剪切面對應的座標得知間接產生的抗剪強度 s 嘛。

6.2 土壤的破壞準則

那麼，假設在剛才地盤上增加荷重，地盤內部的微小立方體受到最大主應力 σ_{1f} 作用時，

因破壞產生角度 θ_f 的剪切面。

微小立方體

會產生什麼樣的應力圓？我們來討論與破壞線的關係吧。

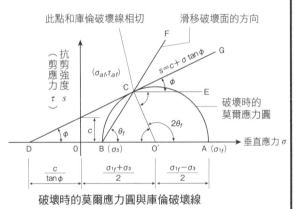

此點和庫倫破壞線相切　　滑移破壞面的方向

抗剪強度（剪應力）$\tau \ s$

(σ_{af}, τ_{af})

$s = c + \sigma \tan\phi$

破壞時的莫爾應力圓

垂直應力 σ

$\dfrac{c}{\tan\phi}$　　$\dfrac{\sigma_{1f} + \sigma_3}{2}$　　$\dfrac{\sigma_{1f} - \sigma_3}{2}$

破壞時的莫爾應力圓與庫倫破壞線

嗯……σ_{1f} 是 OA、σ_3 是 OB，形成圓心座標 O' 為 $((\sigma_1 F + \sigma_3)/2, 0)$、半徑為 $(\sigma_{1f} - \sigma_3)/2$ 的圓……

圓上中心角 $2\theta_f$ 的 C 點座標是，作用於角度 θ_f 剪切面的抗剪強度 s……也就是說，這個點和破壞線相切。

就是這麼回事！破壞線是該土壤達到剪切破壞的臨界線，所以表示抗剪強度 s 的 C 點會與應力圓相切。

剪切破壞的地圖

$$\text{黏聚力 } c = \frac{\sigma_{1f} - \sigma_3}{2} \cdot \sec\phi - \frac{\sigma_{1f} + \sigma_3}{2} \cdot \tan\phi$$

$$\text{內摩擦角：} \phi = 2\theta_f - 90°$$

然後，解讀這個剪切破壞的**「地圖」**，我們可以導出與抗剪強度 s 的關係式喔。

的確很方便……
但該怎麼求臨界狀態的覆土壓力 σ' 和土壓 σ_1、σ_3 呢？

重現間接剪切破壞的室內剪切試驗有「三軸壓縮試驗」[※7]。

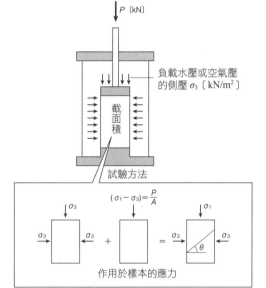

P〔kN〕

負載水壓或空氣壓的側壓 σ_3〔kN/m²〕

截面積

試驗方法

$$(\sigma_1 - \sigma_3) = \frac{P}{A}$$

作用於樣本的應力

三軸壓縮試驗

三軸壓縮試驗是，對套上橡膠套筒的圓柱形樣本（飽和土），一邊施加固定的側壓 σ_3，一邊逐漸增加上下的軸壓縮力 σ_1，測量破壞時的軸壓縮力 σ_{1f}（→p.210）。

不限發生位置，促使間接產生剪切變形和剪切破壞嘛。

三向度……

原理、名詞好複雜喔……

※7 三軸壓縮試驗是，以負載主應力間接產生剪應力 τ 促使剪破壞，又稱為主應力負載型（間接型）剪切試驗。

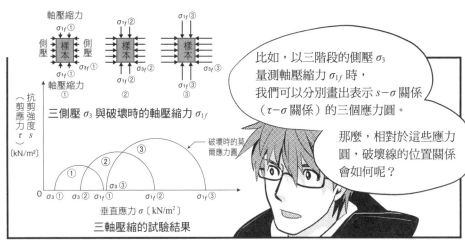

比如，以三階段的側壓 σ_3 量測軸壓縮力 σ_{1f} 時，我們可以分別畫出表示 $s-\sigma$ 關係（$\tau-\sigma$ 關係）的三個應力圓。

那麼，相對於這些應力圓，破壞線的位置關係會如何呢？

三軸壓縮的試驗結果

這條共同切線為庫倫破壞線，共同切線的外側（左上）區域表示應力突破臨界狀態。

$$s = c + \delta \tan \phi$$

三軸壓縮試驗的莫爾應力圓與庫倫破壞線

破壞線分別和應力圓上表示抗剪強度 s 的點相切……

啊！因為試料相同，所以破壞線只有 1 條……也就是說，切線會是同一條？

沒錯。這條相當於庫倫破壞線的共同切線，稱為「**莫爾包絡線（Mohr's envelope）**」[8]（莫爾破壞準則），

應力圓加上破壞線的理論，就是所謂的「**莫爾庫倫破壞準則**」。

※8 對不飽和土、過壓密狀態的土壤進行三軸壓縮試驗時，包絡線多為向上凸起的曲線。

話說回來，
三軸壓縮試驗是使用
套有橡膠套筒的飽和土，
總覺得好像和
孔隙水壓 u 有關係？

沒錯！

當然，抗剪強度 s
也不能忽略與
孔隙水壓 u 的關係。

「崩壞」、**「滑移」**等地盤
的剪切破壞，就微觀的角度
來看，都是土粒移動造成
的，這類的剪切變形受到孔
隙水壓 u 的影響。

如A的緊密砂土、過壓密黏土
（→第5章）發生剪切時，隨
著土粒的移動，孔隙變大、體
積膨脹，呈現疏鬆的狀態。

A

σ 　膨脹 　σ

τ

緊密狀態 　　疏鬆狀態
正的膨脹性（體積膨脹）

孔隙水

拉扯～

另一方面，
如B的疏鬆砂土、
正常壓密土
發生剪切時呢？

孔隙變窄、
體積收縮……
呈現緊密的狀態？

B

σ 　收縮 　σ

τ

疏鬆狀態 　　緊密狀態
負的膨脹性（體積收縮）

擠壓～

第6章◆土壤的強度　195

應力圓和破壞線作成的地圖，孔隙水壓 u 是其中的關鍵？

沒錯！
這樣的體積變化稱為「膨脹性（dilatancy）」，造成孔隙水壓 u 的變化是影響土壤強度的「關鍵」。

那麼，
我們來看飽和土發生剪切時的體積變化吧。

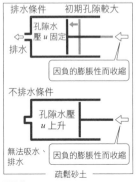

首先，飽和土會因為什麼而體積減少？

土粒和孔隙水為不可壓縮性，所以是受到孔隙水的排水影響！

但是，若土壤的滲透性低，不易排出孔隙水的話，會產生超額孔隙水壓 Δu（→第 5 章）。

沒錯！超額孔隙水壓 Δu 受到剪切時土壤的體積是否發生變化，也就是否允許排出孔隙水的「排水條件」所影響。

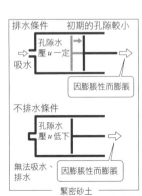

排水條件　初期的孔隙較小	排水條件　初期孔隙較大
孔隙水壓 u 一定　吸水	孔隙水壓 u 固定　排水
因膨脹性而膨脹	因負的膨脹性而收縮
不排水條件	不排水條件
孔隙水壓 u 低下	孔隙水壓 u 上升
無法吸水、排水	無法吸水、排水
因膨脹性而膨脹	因負的膨脹性而收縮
緊密砂土	疏鬆砂土

不同的排水條件和膨脹性的孔隙水壓變化

所以，
滲透性低的黏土地盤
不容易快速排水，
不排水條件造成剪切變形，
產生超額孔隙水壓 Δu。

而砂土地盤因滲透性高、
容易排水，不會產生超額
孔隙水壓 Δu！

所以說……
砂土地盤的孔隙水壓 u
就只有靜水壓 u_0 嗎？

然而，砂土地盤也有可能
受到地震等短時間內激烈
的剪切力，超額孔隙水壓
Δu 會來不及消散，

那麼，產生超額孔隙水
壓 Δu 會如何影響砂土
地盤的抗剪強度 s 呢？

超額孔隙水壓 Δu 會減少有
效應力 σ'……土粒間的結
合力因而變小……失去
摩擦阻力嗎？

砂質土的黏聚力 $c \fallingdotseq 0$，本
來就沒有黏聚阻力，現在
又失去摩擦阻力的話……

沒錯。
超額孔隙水壓 Δu 會減少有效應力 σ'，
摩擦阻力消失的話，抗剪強度會變成 $s \fallingdotseq 0$，
可能發生「液化」現象喔（→p.212）。

孔隙水　土粒　　　液化　　沉陷

Δu　Δu

地震前　　　　地震時　　　　地震後

地震造成的液化現象

6.3 土讓的剪切試驗

那麼，由抵抗土壤變形的阻力受到孔隙水壓 u、有效應力支配 σ' 影響，我們可以將庫倫破壞準則改寫成這樣：

$$s=c'+(\sigma-u)\cdot\tan\phi=c'+\sigma'\cdot\tan\phi'$$

u：孔隙水壓（＝靜水壓 μ_0 ＋超額孔隙水壓 $\varDelta\mu$）
c'：有效黏聚力
ϕ'：有效內摩擦角[※9]

排水條件造成超額孔隙水壓 $\varDelta\mu$ 的產生與消散，受到有效應力 σ' 以及摩擦阻力影響……

也就是說，排水條件是其中的關鍵！

沒錯。土壤的抗剪強度 s 除了土壤的種類、結構之外，也會受到密度、含水量、排水條件等影響。所以，我們需要根據現場的地盤條件、負載條件、評鑑目的，實施室內的剪切試驗[※10]。

實際上，經常使用的試驗有「直剪試驗」、「三軸壓縮試驗」、「無圍壓縮試驗（unconfined compression test）」。

[※9] 與表示全應力的黏聚力 c、內摩擦角 θ 不同，所以用 c'：有效黏聚力 ϕ'：有效內摩擦角（有效抗剪角）來作區別。

[※10] 不方便實施室內剪切試驗時，需根據試料的觀察、物理試驗的結果，以十字片剪切試驗（vane shear test）、邊準貫入試驗等現地試驗來推斷。

室內剪切試驗的種類與特色

	剪應力負載型	主應力負載型	
負載的方法	在試料邊界面或者特定剪切面直接負載垂直力、剪切力。	在試料邊界面負載主應力，計算剪切面間接產生的垂直應力和剪切力。	
試驗的種類[※11]	直剪試驗	三軸壓縮試驗	無圍壓縮試驗
剪切的方式			
試驗的方法	將試料置入分為上下兩部分的剪切箱中，在垂直應力 σ 作用之下，進行水平方向的剪切破壞。以不同的垂直應力 σ 試驗 3 次以上，量測與破壞時剪應力 τ_f（$=s$）的關係。	將圓柱型試料套上塑膠膜，在水壓產生的側壓 σ_3 作用之下，施加垂直方向的載重，進行壓縮破壞。以不同的側壓 σ_3 試驗 3 次以上，量測與破壞時垂直應力 σ_1 的關係。	不拘束圓柱型試料，在沒有側壓 σ_3 作用之下，施加垂直方向的載重，進行壓縮破壞。以最大壓縮應力來量測無圍壓縮強度 q_u。
剪力係數的求法	 在以垂直應力 σ 為橫軸、以抗剪強度 s 為縱軸的座標圖上標示測量值，畫出接近各點的庫倫破壞線，讀取黏聚力 c、內摩擦角 ϕ。	 在橫軸上標示各 σ_3 對應的 σ_1，以（$\sigma_1-\sigma_3$）為直徑畫出莫爾應力圓，從共同切線（庫倫破壞線）讀取黏聚力 c、內摩擦角 ϕ。	 以飽和土為樣本進行試驗時，在不密實不排水（UU）的條件下，測量值為 $\phi=0$、$c=q_u/2$。
特色	對應各種土質且操作單純，不同的條件下，變形、應力會有所不同。	對應各種土質，需要假定理論條件來實施試驗，操作較為複雜。	操作最為簡單的試驗，試料一般限獨立的黏性土。

※ 11 除此之外，室內剪切試驗，剪應力負載型還有環剪試驗（ring shear test）；主應力負載型還有反覆三軸試驗（cyclic triaxial test）。

不管是哪種試驗，土壤都因剪切而產生膨脹性，所以進行室內剪切試驗的時行，需要留意排水條件、剪切速度（shear velocity）。

但是，現場有各種排水條件吧。

剪切速度是什麼？

室內的剪切試驗根據剪切前（壓密過程）和剪切中（剪切過程）的不同排水條件，分成不壓密不排水、壓密不排水、壓密排水等三種。

地盤的狀況與室內試驗的排水條件

	負載不久	階段性負載	負載長時間後
	填土 Δp 黏土地盤	第 1 階段填土 第 2 階段填土 Δp₁ 土 黏土地盤	Δp 黏土地盤
地盤的狀況	隨著增加的載重，產生超額孔隙水壓。 地盤未進行壓密，增加的載重全部由土壤產生的超額孔隙水壓承受，抗剪強度維持不變（最為危險的狀態）。	第 1 階段填土的壓密結束時，強度會增加。 軟弱的黏土地盤階段性增加荷重的場合，以最初的載重進行壓密，由土壤強度的增加情形來判斷填土的安全性。	壓密進行中，增加的載重作為有效應力在土粒間傳遞。 負載長時間後，載重造成的壓密持續進行，增加的載重作為有效應力在土粒間傳遞。
室內試驗的條件	最初的加壓、剪切過程皆不排水。 不壓密不排水 （unconsolidated undrained） 剪切 （UU 試驗）	最初加壓進行壓密之後，不在排水的條件下剪切。 壓密不排水 （consolidated undrained） 剪切 （CU 試驗）	最初的加壓、剪接過程都排水，不產生超額孔隙水壓，在僅有效應力作用的條件下剪切。 壓密排水 （consolidated drained） 剪切 （CD 試驗）

首先，不壓密不排水試驗（UU試驗）是，為了檢討地盤短時間的承載力、黏土地盤急遽增加載重等的穩定性（短期穩定問題），剪切前、剪切過程都不加入排出孔隙水，在體積不變的條件下（不排水條件）實施的試驗。

取Unconsolidated Undrained字頭UU嘛。

接著，壓密不排水試驗（CU試驗）是，為了檢討壓密造成的土壤強度增加、壓密後地盤急遽增加載重等的穩定性，在剪切前施加壓密壓力來壓密樣本後，剪切過程中不排水的條件下進行的試驗。

Consolidated Undrained，所以是CU嘛。

最後，壓密排水試驗（CD試驗）是，在剪切前壓密樣本後，剪切過程為了不產生超額孔隙水壓 ΔU，允許加入排出孔隙水，在體積可變化的條件（排水條件）下，以十分緩慢的速度進行的負載試驗喔。

Consolidated Drained，所以是CD！

那麼，比如對黏土層施工時壓密、含水量不變化，或者飽和黏土填土後馬上遭受破壞，那種試驗適合檢討這些情況？

嗯……兩者都是不考慮壓密、排水……所以是UU試驗！

黏土填土、壓密後，馬上破壞的情況呢？

壓密之後馬上破壞，也就是不排水……所以是CU試驗嘛。

壓密後的地盤緩慢破壞的情況呢？

壓密後，一點一點地排水破壞……所以是CD試驗。

※ 12 以壓密不排水試驗的剪切過程，量測超額孔隙水壓 Δu 的場合，稱為 $\overline{CU}$ 試驗，庫倫破壞準則會變為 $s = c' + (\sigma - u)\tan\phi = c' + \sigma'\tan\phi'$（式中，$c' \fallingdotseq c_d$、$\phi' \fallingdotseq \phi_d$）。

正確。特別是限制排水條件的剪切試驗，我們經常使用三軸壓縮試驗。整理成圖表如下：

排水條件和剪力係數

試驗名稱		排水條件		得到的剪力係數	現場狀況
		壓密過程	剪切過程		
不壓密不排水試驗	UU 試驗	－	不排水	c_u、ϕ_u	對黏土地盤的急遽負載（緊急施工）等，檢討短期穩定問題。
壓密不排水試驗	CU 試驗	排水	不排水	c_{cu}、ϕ_{cu}	對黏土地盤壓密後急遽負載（緊急施工）等，檢討不排水抗剪強度 s_u 對壓密壓力 p 的增加率 s_u/p。
	$\overline{CU}$ 試驗	排水	不排水（u 的測定）	c'、ϕ'	
壓密排水試驗	CD 試驗	排水	排水	c_d、ϕ_d	砂土等滲透性佳地盤的施工等，檢討長期穩定問題。

不同的排水條件，土壤的黏聚力 c 和內摩擦角 ϕ 表示方式會不一樣，在UU試驗為 c_u 和 ϕ_u；在CU試驗為 c_{cu} 和 ϕ_{cu}；在CD試驗為 c_d 和 ϕ_d……

對、對。剪力係數一般會因試驗條件而變，所以利用下標明確表示在什麼條件下的黏聚力 c 和內摩擦角 ϕ。

地盤崩壞、滑移等劇烈現象，也會先以室內剪切試驗的結果來進行檢討。

6.4 土壤的種類與剪切特性

接著，
我們來討論不同土壤的
剪切特性吧。

首先，黏土的滲透性低，所以孔隙水的排出，也就是超額孔隙水壓 Δu 的消散，需要比較花費時間（→第5章）。

因此，短時間內的穩定、承載問題，所有的載重都由超額孔隙水壓 Δu 來承載。

那麼，UU 試驗的
$\tau-\sigma$ 關係會如何呢？

孔隙水支撐著載重，
也就是說有效應力 σ'
不會發生變化，
即便垂直應力 σ 增加，
也沒有摩擦阻力……

黏土的短期抗剪強度 s，
黏聚阻力也就是黏聚力 c
是固定的。

飽和黏土的 UU 試驗結果

破壞包絡線

$S = Cu$

抗剪強度（剪應力 τ）s $[kN/m^2]$

Cu　$\phi_u = 0$

垂直應力 $[kN/m^2]$

沒錯喔。
這種情況，因載重產生超額
空隙水壓 Δu，所以不受垂直
應力 σ 影響，摩擦阻力會是
零（$\phi_u = 0$），

不排水的抗剪強度
可以表示為
$s = (\sigma_1 - \sigma_3)/2 = c_u$。

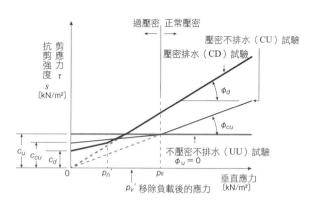

過壓密　正常壓密

壓密不排水（CU）試驗

壓密排水（CD）試驗

抗剪強度 s 剪應力 τ 〔kN/m²〕

ϕ_d

ϕ_{cu}

不壓密不排水（UU）試驗
$\phi_u = 0$

c_u　c_{cu}　c_d

0　　p_n'　　p_0

p_v' 移除負載後的應力

垂直應力 〔kN/m²〕

不同排水條件的抗剪強度變化

其他的排水條件會怎麼樣呢？

地盤中承受先行壓密壓力 p_0 的未擾動飽和黏土，抗剪強度 s 會因排水條件而異。

即便是相同的黏土，也會因為排水條件、正常壓密與過壓密的不同，抵抗剪切的方式也會不同。

在正常壓密區，抗剪強度 s 為 CU 大於 UU、CD 大於 CU，也就表示黏土壓密後，強度會因而增加嗎？

妳注意到重點。
黏土隨著壓密的進行，強度會跟著增加，以壓密壓力 p 壓密後的不排水抗剪強度會是 $s = c_u$，

壓密壓力 p 增加的強度可以表示為 c_u/p。

只是，
想要黏土不產生超額孔隙水壓 Δu 進行 CD 試驗，是相當困難的事情，所以我們會用改變壓密壓力的 $\overline{CD}$ 試驗來求取這個值。

試料有沒有擾動也會影響抗剪強度 s 嗎？

喔！很聰明喔！

土壤經過翻土後，
自然狀態會受到擾動，
抗剪強度 s 會因而減少。

「**靈敏度比**（sensitivity ratio）S_t」[13]，是由不擾動黏土的不排水抗剪強度 c_u 和擾動時的不排水抗剪強度 c_{ur} 的比，可用無圍壓縮強度 q_{ur} 來計算（→p.213）。

靈敏度比 $S_t = c_u / c_{ur}$
$= (q_u/2)/(q_{ur}/2) = q_u/q_{ur}$

黏土的抗剪強度 s
和孔隙水壓、密度有關，
所以容易受到壓密、
排水條件的影響。

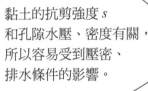

看來黏土的部分沒有
問題了。

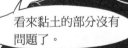

另一方面，砂土的滲透性高，超額孔隙水壓 Δu 短時間內便會消散，所以荷重會直接由有效應力 σ' 支撐。

因此，摩擦阻力會隨著垂直應力 σ 而變大，加上砂土沒有黏聚阻力，所以沙土的抗剪強度可以表示為 $s = \sigma \tan\phi$。

※ 13 承受正常壓密黏土的靈敏度比為 $S_t = 2\sim10$ 左右（黏土多為 $S_t = 2\sim4$；敏銳的黏土為 $S_t = 4\sim8$；超敏銳的黏土為 $S_t > 8$），流黏土有 $S_t > 100$ 的情形。

※ 14 三軸壓縮試驗通常為壓密排水剪切，所以用 ϕ_d 來表示。

※ 15 互鎖作用 ϕ_r 受到砂土粒度、顆粒形狀、顆粒表面的粗糙等影響，這個值接近於乾燥狀態下鬆散堆積的斜面角度（安息角）。

※ 16 緊密砂土的膨脹性愈大，影響部分的 $\Delta\phi_D$ 愈大。

換句話說，
檢討地盤的抗剪強度 s 的時候，
可以先由土壤的分類和
剪切特性來瞭解？

重點在於土壤的特性。

那麼，
口頭說明就到這邊，
我們還得實際採集土壤，
拿回研究室調查土壤強度。

喝哎～～

哎──
還要繼續啊……
土壤的事情已經夠多了。

妳可以先離開喔。不過加納老師應該在研究室做好美味的紅豆年糕湯，等著我們回去。

早點說嘛！
有紅豆年糕湯就對了！

亞美
超愛甜食呢。

大家快回研究室吧──

第 6 章補充

❏ 土壤的直剪試驗

（1）試驗目的及概要：

「土壤的直剪試驗」是，為了計算防護牆的土壓、斜面的穩定、地基的承載力等，需要用到的剪力係數（黏聚力 c、內摩擦角 ϕ）所進行的試驗，根據剪切過程的不同，分為「壓密定體積直剪試驗（定體積試驗）」和「壓密定壓直剪試驗（定壓試驗）」。

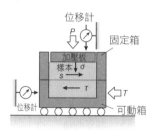

直剪試驗

1. 定體積試驗（JGS 0560）

保持樣本的體積不變，進行直剪試驗，此方法測得的最大剪應力，稱為「定體積抗剪強度」。定體積試驗得到的飽和土結果，相當於CU試驗。

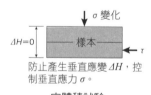

防止產生垂直應變 ΔH，控制垂直應力 σ。

定體積試驗

2. 定壓試驗（JGS 0561）

對樣本施加一定的垂直應力，進行直剪試驗，此方法測得的最大剪應力，稱為「定壓抗剪強度」。定壓試驗中，剪切過程中不會產生超額空隙水壓 Δu，相當於CD試驗。

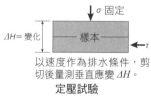

以速度作為排水條件，剪切後量測垂直應變 ΔH。

定壓試驗

（2）試驗儀器及步驟：

　　一般來說，定體積試驗是以不擾動飽和黏土的塊狀試料為樣本，定壓試驗是以擾動砂質土的非塊狀試料為樣本，依下述步驟進行。

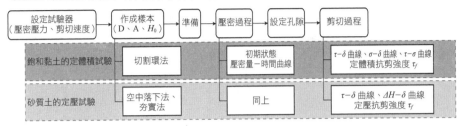

（3）試驗結果：

　　根據定體積試驗或者定壓試驗的結果，依下列步驟計算剪力係數。

1. 定體積試驗

①繪製試驗的應力路徑（$\tau-\sigma$ 曲線）。

②製作定體積抗剪強度 τ_f 對壓密應力 σ_c 關係圖。

③由 (τ_f, σ_c) 連成的直線，求取總應力的剪力係數 c_{cu}、ϕ_{cu}。

④由 τ_f 所連成的直線，求取有效應力的剪力係數 c_1'、ϕ_1'。

⑤製作壓密前後孔隙比對壓密應力 σ_c 的關係圖，確認試料的均質性。

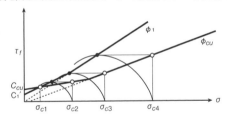

2. 定壓試驗

①製作試驗的定壓抗剪強度 τ_f 對壓密應力 σ_c 的關係圖。

②由 (τ, σ_c) 連成的直線，求取剪力係數 c_d、ϕ_d。

③製作壓密前後以及剪應力最大時的孔隙比對壓密應力 σ_c 關係圖，確認試料的均質性。

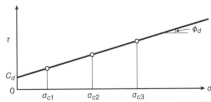

針對壓密黏性土地盤後急速填土施工的穩定性計算，會代入定體積試驗的 c_{cu}、ϕ_{cu}、s_u/p；針對砂質土地盤、黏性土地盤的長期穩定性計算，會代入定壓試驗的 c_d、ϕ_d。

□ 土壤的三軸壓縮試驗（JGS 0521、0522、0523、0524）

（1）試驗目的及概要：

「土壤的三軸壓縮試驗」是，為了求取抗剪強度 τ_f，在室內重現接近現場應力狀態的試驗。依剪切前（壓密時）、剪切中不同的排水條件，分別採用「不壓密不排水試驗（UU）」、「壓密不排水試驗（CU、$\overline{CU}$）」和「壓密排水試驗（CD）」。

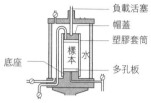

負載活塞
帽蓋
塑膠套筒
樣本
水
底座
多孔板

三軸壓縮試驗範例

（2）試驗器具及步驟：

三軸壓縮試驗的步驟，如下：

製作、設置樣本 → 組裝三軸壓力室 → 使樣本飽和 → 開閉排水閥 → 負載壓密或等向應力 → 開閉排水閥 → 軸壓縮（量測孔隙水壓） → 拆解三軸壓力室 → 觀測樣本 → 量測乾燥質量

①將置於多孔板上的樣本套上帽蓋、塑膠套筒，上下以O型環橡膠固定。

②壓密的場合，在排水閥C、D開啟狀態下加壓室內壓力，對樣本作用一定的等向應力。此時，孔隙水會隨著壓密變化從滴定管排出，由水位的變化來量測樣本的體積變化。

③剪切是對樣本作用一定的等向應力，經由負載活塞施加軸壓縮力，壓縮至破壞樣本。

令軸壓縮力為 P、樣本的截面積為 A，軸方向應力 σ_a 與側方向應力 σ_r 的主應力差（$\sigma_a - \sigma_r$），以下述式子計算：

$$(\sigma_a - \sigma_r) = \frac{P}{A} \ [\text{kN/m}^2]$$

④準備 3 個以上相同樣本，以不同的側方向應力 σ_r，依上述①～③步驟進行試驗。

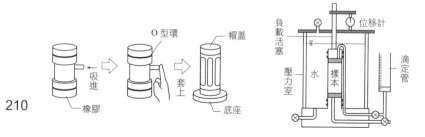

O型環
帽蓋
吸進
橡膠
套上
底座

負載活塞
位移計
壓力室
水
樣本
滴定管

（3）試驗結果：

以各樣本的主應力差最大值 $(\sigma_a - \sigma_r)_{max}$ 為橫軸（σ 軸），並以此為直徑，繪製莫爾圓（莫爾應力圓），其共同切線（包絡線）的縱軸截距即為黏聚力 c，傾角即為內摩擦角 ϕ（由破壞時莫爾圓求取的方法）。

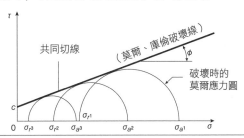

三軸壓縮試驗能夠得到的是，側壓產生的壓縮強度 $(\sigma_a - \sigma_r)_{max}$，欲求破壞面上的抗剪強度 τ_f，則需要利用莫爾應力圓。另外，其他剪力係數的求法還有，包絡線相切所有莫爾應力圓的「由壓縮強度和壓密應力求取的方法」和「由壓縮強度的 1/2 和平均有效應力求取的方法」。

▢ 剪力係數的求法（直剪試驗）

【例題 1】

對某土壤進行單面（直接）剪切試驗，結果如下表。試求該土壤的黏聚力 c 以及內摩擦角 ϕ。

樣本	①	②	③	④
垂直應力 σ〔kN/m^2〕	100	200	300	400
抗剪強度 τ〔kN/m^2〕	75	135	196	254

〈思考方式〉

製作 τ–σ 的關係圖，繪製庫倫破壞線，縱軸截距即為黏聚力 c，傾角即為內摩擦角 ϕ。

【解答】

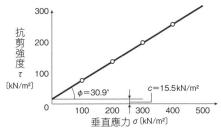

由庫倫破壞線，黏聚力 $c = 15.5\ kN/m^2$、內摩擦角 $\phi = 30.9°$。

❏ 剪力係數的求法（三軸壓縮試驗）

【例題 2】

在壓密排水條件下，對某黏土試料進行三軸壓縮試驗（CD 試驗），結果如下表。試求該土壤的剪力係數（黏聚力 c_d、內摩擦角 ϕ_d）。

樣本	①	②	③
側向應力（＝壓密應力） σ_3 〔kN/m²〕	100	200	300
活塞的壓縮應力 σ（$\sigma_1 - \sigma_3$）〔kN/m²〕	156	277	401

〈思考方式〉

由樣本①～③的最大主應力 σ_1＝活塞的壓縮應力 σ＋側向應力 σ_3，分別畫出 σ_1 與 σ_3 的莫爾應力圓，共同切線的縱軸截距即為黏聚力 c_d，傾角即為內摩擦角 ϕ_d。

【解答】

各樣本的最大主應力 σ_1：

① ：$\sigma + \sigma_3 = 100 + 156 = 256 \text{ kN/m}^2$

② ：$\sigma + \sigma_3 = 200 + 277 = 477 \text{ kN/m}^2$

③ ：$\sigma + \sigma_3 = 300 + 401 = 701 \text{ kN/m}^2$

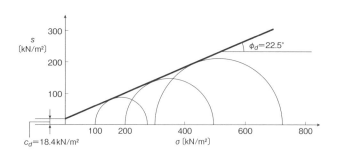

如上圖，由莫爾應力圓，黏聚力為 $c = 18.4 kN/m^2$，內摩擦角 $\phi = 22.5°$。

□ 靈敏度比的計算（無圍壓縮試驗）

【例題 3】

　　對某未擾動飽和黏土進行無圍壓縮試驗，測得無圍壓縮強度為 220 kN/m²。該黏土經過翻土後，無圍壓縮強度變為 40 kN/m²。試求該黏土的不排水抗剪強度 s_u 和靈敏度比 S_t。

【解答】

不排水抗剪強度 s_u 可由下式計算：

$$s_u = \frac{q_u}{2} = \frac{220}{2} = 110 \quad kN/m^2$$

靈敏度比 S_t 可由下式計算：

$$S_t = \frac{q_u}{q_{ur}} = \frac{220}{40} = 5.5$$

□ 土壤液化發生的主因及預防對策

　　當飽和狀態的砂土地盤反覆受到地震等劇烈力量，超額孔隙水壓增大，失去有效應力。此時，地盤內的土粒不再咬合而溶解，粒子處於懸浮水中的狀態，發生「液化」現象。地盤內的液化現象無法直接觀測，但由人孔蓋浮起、電線桿下沉、隨著孔隙水噴出砂粒的噴砂現象，我們可以知道到液化現象的發生。液化發生的主因及預防對策整理如下：

（1）液化發生的主因

1. 粒徑、粒度分布

　　細粒級少、粒徑接近的細砂或者粉質砂等容易發生（粗粒、礫石夾在不透水層之間，超額孔隙水壓增大可能引起液化現象）。

2. 初期有效應力

　　覆土壓力、載重等作用於地盤的應力愈大，液化愈不容易發生。

3. 密度

　　砂土地盤愈是疏鬆，愈容易因負的膨脹性（體積壓縮傾向）而發生液化。

4. 地下水位

　　除了河道之外，舊河川用地、填土造地、沖積扇、三角洲等地下水位低的地區，液化愈容易發生。

5. 地震的大小與持續時間

　　地震震度愈大、持續時間愈長，液化愈容易發生。

（2）液化的預防對策

　　想要防止液化發生或者想要減輕災害，減緩液化發生的主因是最有效的方式。因此，地盤的液化對策大致分為夯實地盤對策、固化地盤對策以及地盤抽水對策，以震動、衝擊方式夯實地盤的是「夯實砂樁法（sand compaction pile method）」、「浮振法（vibroflotation method）」；在地盤中設置超額孔隙水壓容易消散的碎石柱子有「礫石排水樁法（gravel drain method）」等，對策工法。

	地盤的對策			結構物的對策
	夯實地盤	固化地盤	抽出地盤中的水	打入樁柱強化
基本原理	增加密度	加入穩定劑固定	挖掘水井抽水	打樁深至堅硬的地盤
適用對象	・新設建築 ・正下方地盤	・新設建築 ・既有建築 ・正下方地盤 ・周圍地盤	・新設建築 ・既有建築 ・正下方地盤	・結構物的地基 ・碼頭等 ※一般用於新建築
效果	・巨大地震△	・巨大地震○ ・耐震補強○	・巨大地震△ ・耐震補強○	・巨大地震○ ・耐震補強○
經濟性	成本較低。	效果確實，但成本較高。	成本低，但有可能發生變形。	側向流動（橫移動）對策的成本高。

第 7 章

地盤的穩定、承載問題

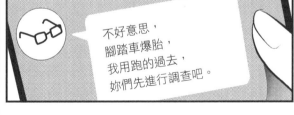

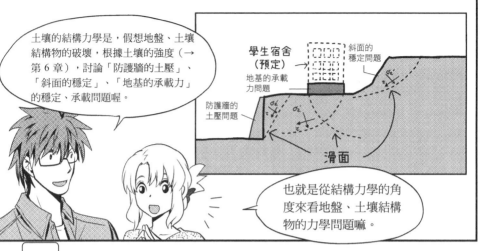

土壤的結構力學是，假想地盤、土壤結構物的破壞，根據土壤的強度（→第6章），討論「防護牆的土壓」、「斜面的穩定」、「地基的承載力」的穩定、承載問題喔。

學生宿舍（預定）

斜面的穩定問題

地基的承載力問題

防護牆的土壓問題

滑面

也就是從結構力學的角度來看地盤、土壤結構物的力學問題嘛。

7.1 擋土牆的土壓是什麼？

首先，土壓是指什麼？

水造成的壓力稱為「**水壓**」，土壤造成的壓力則稱為「**土壓**」。

和土壤自重在垂直方向產生的覆土壓力 σ_z' 不同嗎？

不論是水中還是土壤中，自重在深度 z 點產生垂直方向的壓力，是由單位體積重量 γ 乘上深度 z 來求得（→p.113），那水平方向的壓力要如何計算呢[1]？

水壓是以相同大小的力量作用於所有方向嘛，土壓……

※1 土壓是以有效應力來定義。

那麼，
實際來看看吧。妳們
看一下吸管內部。

啊！
變成水平向的橢圓形。

垂直土壓
（覆土壓力）

獨立

水平土壓

土壤自重產生的壓力，
跟垂直方向的比起來，
水平方向的會比較小嗎？

沒錯！這是因為土壤的
黏聚阻力、摩擦阻力獨
自作用的緣故，

水平方向的壓力有多小，
取決於土壤的抗剪強度 s。

又是
抗剪強度 s……

但是，為什麼無名英雄的
地盤也要考慮水平方向啊？

※2 作用於地盤內邊界面的所有壓力統稱為「土壓」，而作用於牆壁與地盤邊界面的水平方向壓力，
則會以「壁面土壓」來作區別（本書接下來會以土壓表示壁面土壓）。

哎——
該從什麼地方著手呢……

啊哈哈……
不管是哪一種，土壓大小都是由土壤的抗剪強度 s 來決定，所以關鍵在於掌握背面土的剪力係數喔。

那麼，我們來討論適用不變形牆壁的古典土壓理論吧。

各種土壓理論？
水壓？牆壁的移動？

首先，水壓是以相同力量作用於各方向，所以作用於深度 z 點的垂直方向壓力 $p_v = \gamma_w \cdot z$ 和水平方向的壓力 p_h 會相同。

$$p_h / p_v = (\gamma_w \cdot z) / (\gamma_w \cdot z) = 1$$

因此，壁面單位深度的壓力合力 p_w，會呈現以水平方向水壓 p_h 為底邊的三角形分布。

γ_w：水的單位體積重量

$2/3H$

$p_v = \gamma_w \cdot z$

z

壁高 H

$p_h = \gamma_w \cdot z$

水壓的合力 P_w

$1/3H$

$\gamma_w H$

壁面承受的水壓

$$P_w = \gamma_w H \times H / 2 = \gamma_w H^2 / 2$$

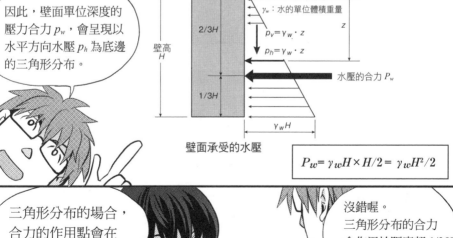

三角形分布的場合，合力的作用點會在三角形的重心？

沒錯喔。
三角形分布的合力會作用於距底部 $1/3H$ 深度的位置。

另一方面，
相較於垂直方向的土壓，
水平方向的土壓小，
所以作用於深度 z 點的

垂直壓力 $p_v = \gamma_t \cdot z$
和水平壓力 p_h 的比值會小於 1，
可以像這樣表示。

垂直土壓

水平土壓

$$p_h / p_v = p_h / (\gamma_t \cdot z) = K$$

這個 K 是什麼？

在某點，水平土壓
對垂直土壓的比值 K，
稱為「**土壓係數**」※3。

那麼，
作用於壁面全體單位深度的
壁面壓力合力 P，該怎麼以
土壓係數 K 來表示呢？

嗯……作用於壁面底部
深度 H 的土壓 p_h 為
$p_h = p_v \cdot K\gamma_t H \cdot K$，
作用於壁面整體的土壓合力 P，
是以此為底邊的三角形分布，
所以會是……這樣嗎？

γ_t：土壤的單位體積重量

$p_v = \gamma_t \cdot z$

$p_h = p_v \cdot K = \gamma_t z \cdot K$

土壓的合力 P

壁高 H

$2/3H$

$1/3H$

$\gamma_t HK$

$$P = \gamma_t H^2 K / 2$$

壁面承受的土壓

※3 土壤係數 K 會因牆壁的形狀、背面土的傾角不同而異，但主要
是受到左右抗剪強度 s 的土壤內摩擦角 ϕ 的影響。

正確！如下圖，作用於牆壁的土壓，可以土壓係數 K 表示，K 是計算土壓的關鍵喔！接著，討論不同土壤移動的土壓，思考方式大致可分為下述三類。

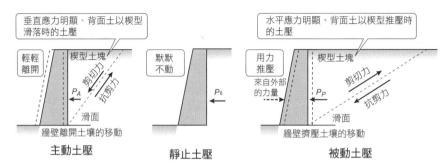

垂直應力明顯、背面土以楔型滑落時的土壓

水平應力明顯、背面土以楔型推壓時的土壓

輕輕離開　楔型土塊　剪切力　抗剪力　P_A　滑面

牆壁離開土壤的移動

主動土壓

默默不動　P_0

靜止土壓

用力推壓　楔型土塊　剪切力　抗剪力　來自外部的力量　P_P　滑面

牆壁擠壓土壤的移動

被動土壓

首先，牆壁不移動、受到土壓的狀態為「靜止狀態」，此時的土壓稱為「靜止土壓 P_0」、土壓係數稱為「靜止土壓係數 K_0」。

土壤依靠過來，默默地承受土壓……啊，就像是坐車時，旁邊的人打瞌睡靠過來的感覺。

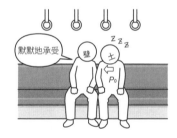

默默地承受　壁　土　P_0

哈哈。靜止土壓係數 K_0 是，假定地盤為彈性體，令垂直應力為 $\sigma_v{}'$、水平應力為 $\sigma_h{}'$、帕桑比（Poisson's ratio）為 v[4]：

$$K_0 = \frac{\sigma_h{}'}{\sigma_v{}'} = \frac{v}{(1-v)}$$

關於正常壓密狀態的土壤，可以套用亞基（Jaky）的經驗公式。

$$K_0 = 1 - \sin\phi'$$

※4 帕桑比是，在彈性限度內施加應力時，沿應力方向的縱向應變和垂直應力方向的橫向應變的比值（橫向應變／縱向應變），砂質土約為 1/3、黏性土約為 1/2。

接著，牆壁離開背面土的移動狀態為「主動狀態」，此時的土壓稱為「主動土壓 P_A」、土壓係數稱為「主動土壓係數 K_A」。

牆壁離開，壓力會瞬間變小吧。

最後，牆壁壓縮背面土的移動狀態為「被動狀態」，此時的土壓稱為「被動土壓 P_P」、土壓係數稱為「被動土壓係數 K_P」。

牆壁推壓土壤，壓力會瞬間變大吧。

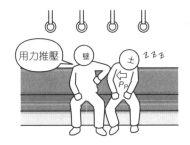

那麼，我們以牆壁的角度來看，比較靜止土壓 P_0、主動土壓 P_A、被動土壓 P_P 的大小吧？

嗯⋯⋯因為是牆壁的角度，比起默默承受的靜止土壓 P_0⋯⋯輕輕離開的主動土壓 P_A 會比較小，用力推壓的被動土壓 P_P 會比較大？

沒錯。三種壓力的關係為「主動土壓 P_A＜靜止土壓 P_0＜被動土壓 P_P」。主動狀態下，牆壁離開土壤，壓力會漸漸從靜止土壓 P_0 減少；在被動狀態下，牆壁推壓土壤，壓力會漸漸從靜止土壓 P_0 增加，但兩種情況都是產生一定程度的應變之後，壓力便不再變化。

所以，我們會稱主動狀態下土壓 p_h 的最小值為主動土壓 P_A，被動狀態下的最大值為被動土壓 P_P[※5]。

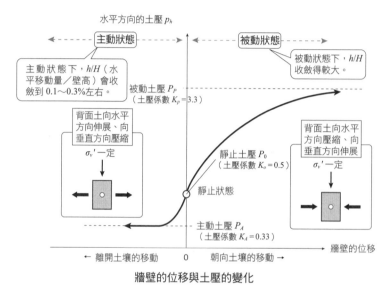

牆壁的位移與土壓的變化

實際上，我們會在什麼樣的情況下，考慮什麼樣的土壓呢？

舉例來說，建築物等地下牆不可移動，所以用靜止土壓 P_0 來設計；防護牆一般只會離開背面土，所以用主動土壓 P_A 來設計；板樁牆等的埋入部分（→p.220）則以被動土壓來設計。

※5 牆壁受到主動土壓 P_A、被動土壓 P_P 作用時，背面土會處於發生剪切破壞的臨界狀態（即將發生滑移的力量和抵抗滑移的力量相抗衡的平衡狀態），所以這些土壓（P_A、P_P）又稱為「臨界土壓」。

我知道土壓有很多種，但該怎麼進行理論思考？

代表古典土壓理論的方法中，最廣為人知的有「庫倫土壓理論（Coloumb）」和「蘭金（Rankine）土壓理論」（→p.260）。

發表於 1773 年的庫倫土壓理論，是以下述①～③為前提，用微觀的角度來推導作用於壁面全體的臨界土壓公式。

①背面土均質且內摩擦角為 ϕ，以黏聚力 $c = 0$ 的砂質土為對象。
②牆壁移動時背面土形成的滑面為平面（截面為直線狀），楔型（V字型）土塊沿著此面滑移。
③以楔型土塊為剛體，討論單位深度的計算。

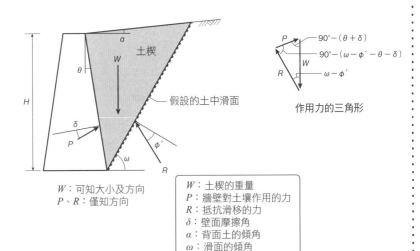

W：可知大小及方向
P、R：僅知方向

W：土楔的重量
P：牆壁對土壤作用的力
R：抵抗滑移的力
δ：壁面摩擦角
α：背面土的傾角
ω：滑面的傾角

庫倫土壓理論（$c' = 0$）

庫倫根據觀察結果，假定牆壁背面為楔型土塊（土楔），提出土楔沿著滑面破壞瞬間的臨界土壓計算法（極限平衡法）[6]。

就算假定為土楔……不同的滑面角度，還是會有不同的情況吧？

沒錯。作用於牆壁的土壓合力，我們會由土楔的受力平衡來求得，但這些都會受到滑面角度的影響。因此，我們會假定各種滑面，以其中土楔滑落時產生最大土壓的角度為主動狀態的破壞面（主動滑面），以該土壓為主動土壓 P_A。

被動土壓 P_P 呢？

同理，假定的滑面，以擠壓土楔時產生最小土壓的角度為受力狀態的破壞面（被動滑面），以該土壓為被動土壓 P_P。然後，庫倫土壓理論比蘭金土壓理論的適用範圍更廣，牆壁的摩擦、傾斜、背面土表面的傾斜，皆有考慮到。

蘭金土壓理論是？

比庫倫土壓理論晚約 80 年（1857 年）發表的蘭金土壓理論，是以下列①～⑤為前提，推導作用土壤立方體的臨界土壓計算法。

①假定與壁面垂直且沒有摩擦力產生，考慮背面土內部的應力狀態。
②背面土內部的應力狀態，在相同深度的所有地方為定值。
③背面土整體為塑性，處於即將破壞的狀態（塑性平衡狀態）。
④背面土的表面為平面，而且無限寬廣。
⑤依據莫爾庫倫破壞準則（$\tau_f = \sigma'_f \cdot \tan\phi'$）來推導計算。

※6 由於假定牆壁背面為三角形的土楔，所以又稱為「土楔理論」。

蘭金土壓理論是，認為背面土為黏聚力 $c=0$ 的粉體，假定背面土內部的應力狀態相當於破壞線與應力圓的切線，提出臨界土壓的計算方法。

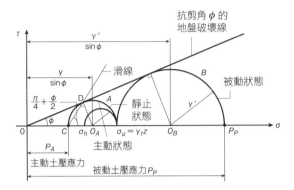

蘭金土壓理論的想法（$c'=0$ 的地盤）

庫倫是以土楔的微觀角度來討論土壓，蘭金則是應力圓的微觀角度。

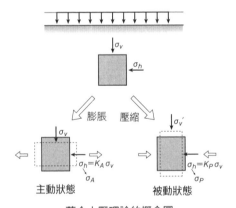

蘭金土壓理論的概念圖

沒錯。蘭金土壓理論原本是用來求取作用於垂直面的土中土壓，但將土中的邊界面換成壁面之後，就可以應用來計算壁面土壓合力。因為能夠理論計算土壓分布、作用點，所以廣泛應用於各處，經由雷沙盧（Resal）改良之後，也適用於黏聚力 $c\neq0$ 的背面土。這些土壓理論是對應建於古老時代、不變形的牆壁，但根據不同條件進行改良，現在成為土壓理論的主流。

好了。
土壓到這邊就沒問題了！
接下來是……

7.3 邊坡的穩定是什麼？

接著，我們來討論
「邊坡的穩定」吧。

邊坡分成自然形成的
「自然邊坡」和
人工形成的**「人工邊坡」**。

※註：日本稱「斜面」，台灣稱「邊坡」。

自然邊坡面是地殼表面在
大自然經年累月的作用之下
所形成的。

自然邊坡

原地邊坡

路塹邊坡

填土邊坡

填土

另一方面，人工邊坡又稱為**「邊坡
（slope）」**，分成填土形成的**「填土
邊坡」**和挖掘形成的**「路塹邊坡（cut
slope）」**，不管是哪一種，都可以在
建設工程中短時間設計製作。

邊坡是設計出來的喔。

沒錯。邊坡包括各種承載道路等交通載重、結構物的邊坡，

也有作為堤防、水壩防潮、儲水的邊坡，根據不同目的及條件的設計。

再來，考慮到崩壞後的影響、修復的困難性，邊坡必須設計成穩定的坡度。

穩定的坡度？

那麼，我們用米果巧克力和爆米花來討論吧。

米果巧克力

喀啦

啊，跟填土好像耶。

盡量調整平坦而穩定

重力

但是，兩種坡度不一樣。

邊坡是土粒的集合體，受到重力作用，傾向趨於平坦，

邊坡的內部總是有著使土壤滑移的「剪應力 τ」，當這股力量超過土壤抵抗的「抗剪強度 s」，就會發生滑移破壞。

邊坡內部 τ 和 s 的平衡也可能因滲透水等造成孔隙水壓變化而瓦解，釀成土石流災害（→第6章）……

最根本、關鍵的原因果然還是重力。

邊坡受到重力作用本來就傾向趨於平坦，最後由載重、震動、滲透水再推一把……

然後，
滑移破壞也有很多種類，
由滑面的截面形狀，大致分成
「平面滑移」和「圓弧滑移」。

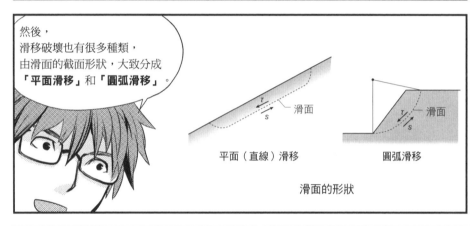

平面（直線）滑移

圓弧滑移

滑面的形狀

平面滑移容易發生於脆弱土壤覆蓋於堅硬岩盤上的自然邊坡，長大邊坡[7]和平行平面構成的滑面，容易發生這樣的大規模滑移破壞。

哇——

啊～～

再見啦

另一方面，圓弧滑移是滑面的截面形狀為圓弧狀，厚實堆積的軟弱地盤、均質填土等有限長的人工邊坡，容易發生這樣的滑移破壞。

※7 土層分佈範圍長（滑動長 L 相對大於滑面深度 H 的情況）、有一定斜度與厚度的均質邊坡，定義為「無限長斜面」，其滑面大多平行於地表面。

232

不同的地質、地盤條件，滑面的形狀會不一樣……

滑面的形狀有直線、圓弧兩種嗎？

自然邊坡會因地下水道、岩盤形狀，人工邊坡會因地盤結構等原因，發生同時有直線與圓弧的「複合滑移」。但是，遇到這樣的情況，我們可以簡化滑面來檢討其安全性。

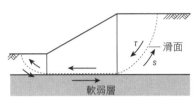

複合滑移

假定滑面為單純的形狀，一起來探討安全性。

根據圓弧滑移發生的位置，可分為「坡趾破壞」、「底部破壞」、「邊坡破壞」三種。

首先，坡腳破壞是，滑面下端通過坡腳的破壞型態，此時的滑移圓稱為「坡趾圓」。因為在坡趾處容易集中應力，覆土壓力小，幾乎沒有摩擦阻力。因此，黏聚阻力較小的砂質土、硬質黏性土所形成的陡峭邊坡，容易發生坡趾破壞。

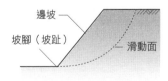

坡趾破壞

接著，底部破壞是，滑面前端通過坡腳更前方位置的破壞形態，此時的滑移圓稱為「中點圓」※8。在軟弱地盤上，由黏聚阻力大黏性土形成的平緩填土等，滑面容易發生在坡腳前方到填土厚度較深的位置。

 另外，較淺位置若有堅硬地層，底部破壞的滑面會相切該地層，所以圓弧的位置決定於該地層的深度。

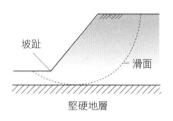

底部破壞

 最後，邊坡破壞是，滑面的前端通過邊坡中間的破壞形態，此時的滑移圓稱為「邊坡圓」。這可以說是坡趾破壞的特殊形態，可能發生底部破壞的邊坡若位於堅硬的淺地層上方，滑面容易發生在邊坡。

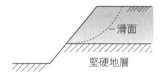

邊坡破壞

 嗯……也就是說……滑移破壞依滑面的發生位置，可分為坡趾、底部、邊坡三種。

※8 底部破壞的單純邊坡，從圓心畫出的垂直線會通過邊坡的中點。

234

7.4 邊坡的穩定分析

那麼，接著我們來討論邊坡的安全性吧。在邊坡的設計、評鑑上，為了確保安全性，我們會利用「邊坡穩定分析（slope stability analysis）」的計算方式。思考方式有「極限平衡法」和「應力分析法」兩種。

極限平衡法……在講庫倫土壓理論的時候也有提到……我記得是，在土塊滑落的瞬間為「極限」，力量會相互拉鋸「平衡」。

沒錯。極限平衡法是，根據土質、地盤結構假定滑面，以假想極限平衡狀態來計算檢討滑移破壞「安全係數（safety factor）F_s」[9]的方法[10]。

安全係數 F_s？

安全係數 F_s 是，以作用於滑面的「使土壤滑移的滑動力和」和「使土壤不滑移的抵抗力和」比值作為安全性的指標。

$$F_s = \frac{\text{使土壤不滑移的抵抗力（抗剪強度 } s\text{）和 } \Sigma_s}{\text{使土壤滑移的滑動力（剪應力 } \tau\text{）和 } \Sigma_\tau}$$

極限平衡法是，在同一邊坡上假定數個圓弧，尋找安全係數 F_s 最小的圓弧（臨界圓），取該斜面的安全係數 F_s（最小安全係數）（→p.263）。

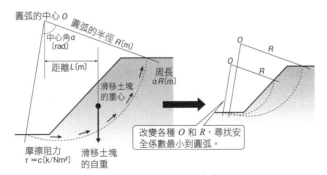

極限平衡法的思考方式

※ 9 一般邊坡的安全係數需要大於 1.2，大規模水壩的最小必要安全係數約為 1.2～1.3。

※ 10 因為穩定的邊坡不為極限平衡狀態，所以進行穩定分析的時候，會減少抗剪強度 s，假想為極限平行狀態。

※ 11 「圓弧滑移法」（→p.264）是，以抵抗力、滑動力相對於圓弧中心 O 的力矩來計算的方法。

邊坡滑移破壞的危險性最高，是在安全係數 F_s 最小的面發生崩塌，我們是以極限平衡狀態來檢討這個時候的安全性喔！

然後，應力分析法是，計算地盤內各點的應力和應變，連結剪斷應變較大的各點來推斷滑面，由作用於該面的剪應力 τ 和抗剪強度 s 的關係來評鑑安全性。

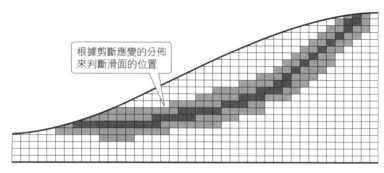

根據剪斷應變的分佈來判斷滑面的位置

剪斷應變的濃淡圖

這樣的計算，沒有計算機會很麻煩⋯⋯

這個方法用在有限元素法等的數值分析上[※12]，利用各種方法來提高其分析的準確度。

不管是哪種方法，穩定分析都需要根據對象邊坡的實態、特性，選擇適當的分析手法。

那麼，我們來用一般的極限平衡法，分析某滑面上的直線滑移和圓弧滑移的安全係數 F_s 吧。

※ 12 應力分析法會根據對象地滑移不連續面的處理方式，分別採取有限元素法（finite element method）、離散元素法（distinct element method）、剛性彈簧模型等方法。

在平行於無限長斜面的平面（距離 L）滑面上，我們先討論沿著滑面單位距離（1m）兩垂直線（ab, cd）、單位深度（1m）之間的土塊吧。

此時，在與土塊相切的單位距離（bd）、單位深度的滑面上，垂直應力 σ 和剪應力 τ 各是？

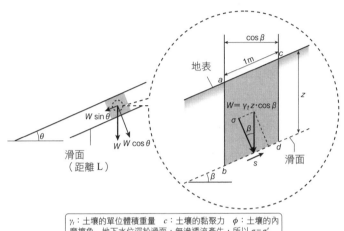

γₜ：土壤的單位體積重量　c：土壤的黏聚力　ϕ：土壤的內摩擦角　地下水位深於滑面，無滲透流產生，所以 $\sigma = \sigma'$

平面滑移的穩定分析

 嗯⋯⋯土塊重量 W 垂直作用於滑面（傾角 β）的垂直應力為 $\sigma = W\cos\beta/L$，平行作用的剪應力為 $\tau = W\sin\beta/L$，所以會是這樣：

$$\text{垂直應力 } \sigma = \frac{W \cdot \cos\beta}{L} \ (= \gamma_t \, z \cdot \cos^2\beta) \quad \text{〔kN/m}^2\text{〕}$$

$$\text{剪應力 } \tau = \frac{W \cdot \sin\beta}{L} \ (= \gamma_t \, z \cdot \cos\beta \cdot \sin\beta) \quad \text{〔kN/m}^2\text{〕}$$

 沒錯！那麼，這個土壤的剪斷強度 s 呢？

剪斷強度 s 是將垂直應力 σ 代入莫爾庫倫破壞準則（→p.194），像是這個樣子：

$$\text{抗剪強度} \quad s = c + \sigma \cdot \tan\phi = c + \frac{W \cdot \cos\beta}{L} \cdot \tan\phi \quad [\text{kN/m}^2]$$

$$(= c + \gamma_t z \cdot \cos^2\beta \cdot \tan\phi)$$

 那麼，此滑面的安全係數 F_s 為何呢？

 安全係數 F_s 是「抗剪強度 s 的和」／「剪應力 τ 的和」，所以將剪應力 τ 和抗剪強度 s 分別乘以滑面距離 L，會像是這樣：

$$F_s = \frac{\sum s}{\sum \tau} = \frac{s \cdot L}{\tau \cdot L} = \frac{c \cdot L + W \cdot \cos\beta \cdot \tan\phi}{W \cdot \sin\beta}$$

 正確！再來，若用單位體積重量 γ_t 來表示，會像是這樣：

$$F_s = \frac{c \cdot L + \gamma_t z \cdot L \cdot \cos^2\beta \cdot \tan\phi}{\gamma_t z \cdot L \cdot \cos\beta \cdot \sin\beta} = \frac{c}{\gamma_t z \cdot \cos\beta \cdot \sin\beta} + \frac{\cos\beta \cdot \tan\phi}{\sin\beta}$$

$$= \frac{2c}{\gamma_t z \cdot \sin 2\beta} + \frac{\tan\phi}{\tan\beta}$$

 不管是哪個式子，我們都可以看出，土壤的黏聚阻力、摩擦阻力愈小，安全係數 F_s 愈小。再來，若是黏聚力 $c = 0$ 的砂質土，安全係數 F_s 會是：

$$F_s = \frac{\tan\phi}{\tan\beta}$$

以這個安全係數來檢討的話？

 安全係數 $F_s < 1$ 會滑移……所以想要 $F_s > 1$ 的話，必須是 $\phi > \beta$？

 沒錯！為了使黏聚力 $c = 0$ 的邊坡不發生平面滑移，條件是邊坡的傾角 β 必須小於土壤的內摩擦角 ϕ。

238

其中，用於穩定分析的黏聚力 c、內摩擦角 ϕ 一般是由剪切試驗求得，但若是在軟質黏性土地盤上進行填土，填土後不久、經過長時間後，分別需要以不排水條件和排水條件來檢討，所以我們必須根據現場的狀況，分別使用不同的試驗條件（→p.200）。

 那麼，我們接著討論假定有限長邊坡上的圓弧滑移吧。關於圓弧滑移，無滲透流均質邊坡的穩定分析，會用到泰勒（Taylor）的穩定圖（→p.266），但若是非均質、抗剪強度 s 不一的狀況，則需要使用「分割法（條分法，slice method）」※13。

 分割法？

 穩定分析基本上用於單純的平面滑移，為了將這個思考方式應用到更為複雜的圓弧滑移，分割法將滑面上的土塊垂直分割盛相同的寬幅 B。分割的土塊稱為「切條（slice）」，切條之間的力相互平衡，這種方法僅考慮作用於滑面的力，稱為「單測法（simple method）」。

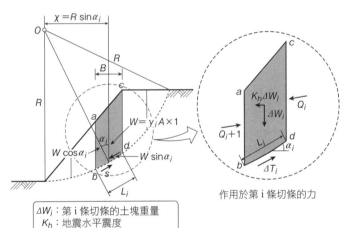

作用於第 i 條切條的力

ΔW_i：第 i 條切條的土塊重量
K_h：地震水平震度
n：切條的總數

圓弧滑移的穩定分析（分割法）

※13 根據切條之間作用力的假設條件不同，分為單測法（Fellenius 法）、Bishop 法、Janbu 法、Morgen-stern-Price 法等等。

分割法是將複雜的滑面分割成單純的形狀，再相加求取近似值嘛。

那麼，我們來討論，沿著圓弧滑面相距 L_i 兩垂直線（ab, cd）、單位深度（1m）之間的切條 i（n 個中的第 i 條）吧。與切條 i 相切、單位距離、單位深度的滑面安全係數 $F_s i$ 是？

嗯……土塊重量 W_i 作用在滑面（傾角 α_i）……和剛剛一樣嘛！

$$\text{垂直應力 } \sigma_i = \frac{W_i \cdot \cos\alpha_i}{L_i} \quad (\text{kN/m}^2)$$

$$\text{剪應力 } \tau_i = \frac{W_i \cdot \sin\alpha_i}{L_i} \quad (\text{kN/m}^2)$$

$$\text{抗剪強度 } s = c + \sigma\tan\phi = c + \frac{W_i \cdot \cos\alpha_i}{L_i} \cdot \tan\phi \quad (\text{kN/m}^2)$$

$$F_{si} = \frac{c \cdot L_i + W_i \cdot \cos\alpha_i \cdot \tan\phi}{W_i \cdot \sin\alpha_i}$$

這樣的話，圓弧滑面整體的安全係數 F_s 是？

因為是所有作用於切條（$i = 1 \sim n$）滑面的力「抗剪強度 s_i 的和 $\sum s$」／「剪應力 τ_i 的和 $\sum\tau$」，所以是這樣：

$$F_s = \frac{\sum_{i=1}^{n} (c \cdot L_i + W_i \cdot \cos\alpha_i \cdot \tan\phi)}{\sum_{i=1}^{n} W_i \cdot \sin\alpha_i}$$

正確！其中，切條 i 的重量 W_i，可由單位深度的角度 $W_i = \gamma_t A_i$（切條 i 的截面積為 A_i）來計算。

到這邊為止，關於邊坡的安全性，妳們理解檢討的方法了吧？順便一提，在邊坡的崩壞對策上，有防止水入侵等根除原因的「控制工程（control work）」，和強化土壤本身、增設抵抗破壞結構物的「預防工程（prevention work）」。

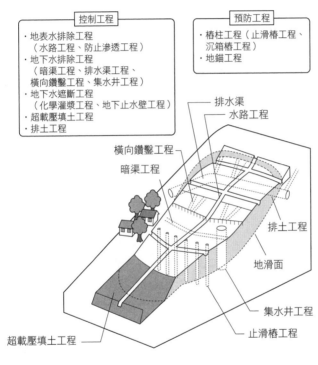

控制工程

· 地表水排除工程
　（水路工程、防止滲透工程）
· 地下水排除工程
　（暗渠工程、排水渠工程、
　橫向鑽鑿工程、集水井工程）
· 地下水遮斷工程
　（化學灌漿工程、地下止水壁工程）
· 超載壓填土工程
· 排土工程

預防工程

· 椿柱工程（止滑椿工程、
　沉箱椿工程）
· 地錨工程

橫向鑽鑿工程
暗渠工程
排水渠
水路工程
排土工程
地滑面
集水井工程
止滑椿工程
超載壓填土工程

邊坡的崩塌對策

山坡地的平坦地盤比較少，所以邊坡的崩塌對策非常重要。

坡又斜、若下大雨……

斜面已經沒問題了！
再撐一下……

7.5 地基基礎的承載力是什麼？

那麼，接著就是最後的穩定、承載問題，我們來看「地基基礎的承載力」吧。

首先，所謂的基礎是指，將結構物的重量、施加在結構物上的外力傳導到地盤的部分。

然後，不破壞地盤、經由基礎支撐結構物的力，我們稱為「**承載力**（bearing capacity）」。

外力

結構物

基礎

承載力

地盤

破壞地盤……
果然跟抗剪強度 s、極限狀態有關？

妳真聰明！
來自基礎的承載會在地盤內部產生剪應力 τ，在該土壤具有的承載力容許範圍內，地基能夠保持穩定、安全性。

也就是說，討論基礎的承載力，等同於檢討地盤內產生的剪應力 τ 和抗剪強度 s 之間的平衡。

那麼，我來試試，筏式基礎和基腳基礎……

哎！沉下去了！

漸漸沉陷

傾倒了！

慢慢傾倒

好浪費蛋糕……

也就是說……最硬的巧克力蛋糕放上這個；柔軟的檸檬起司蛋糕放上這個……下層堅硬的布丁蛋塔則是放上這個？

基腳基礎

橢基礎

筏式基礎

檸檬起司蛋糕

巧克力蛋糕

布丁蛋塔

對。這樣的組合最好。

若接近地表的地層（表層）具有足夠的承載力，可由結構物的底面直接傳遞載重；

但表層柔軟的場合，則需要增加基礎的底面積，減少地盤內產生的剪應力 τ；

或者打樁深入至堅硬地盤來支撐等等，另外則需要考慮經濟性來使用哪種基礎。

載重的大小、地盤的條件再加上經濟性，地基需要多方面考慮耶……

244

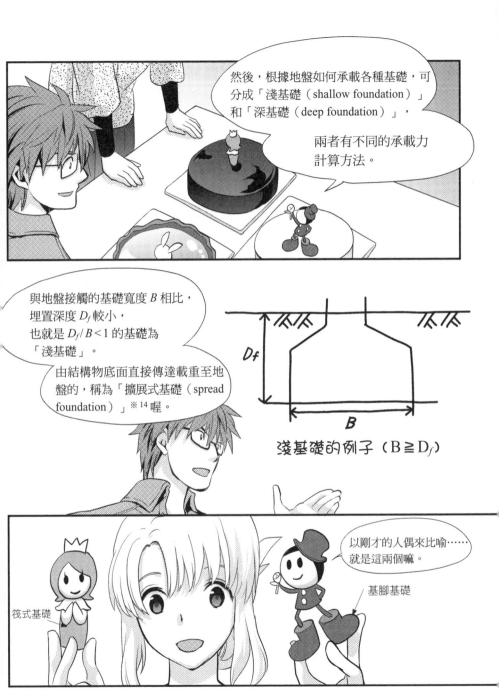

※ 14 道路橋是 $D_f / B < 0.5$ 的擴展式基礎。

沒錯。
淺基礎有**「筏式基礎」**※15、
「基腳基礎」※16，

針對表層堅硬、載重較大，
這些可以用在地盤條件
良好的場合。

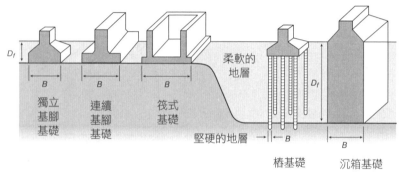

D_f

柔軟的
地層

B　　B　　B

獨立
基腳
基礎

連續
基腳
基礎

筏式
基礎

堅硬的地層 →

D_f

B

樁基礎

B

沉箱基礎

筏式基礎中，有以增加埋入的深
度、挖出更多土壤重量，減少地
基底部增加應力的**「浮式基礎
（floating foundation）」**喔。

然後，基腳基礎中，有以獨立基礎支
撐柱子荷重的**「獨立基腳基礎（indi-
vidual footing foundation）」**，

還有沿著柱子、牆壁以條狀樑柱連結防止
差異沉陷（→p.147）的**「連續基腳基礎
（continuous footing foundation）」**。

※15 由單一地基板傳達載重的基礎。
※16 由結構物伸出數根寬柱腳分散載重的基礎。

246

淺基礎周圍，
基礎周圍與地盤沒有什麼摩擦力，
所以垂直方向的承載力大多來自
基礎底部地盤的承載力。

淺基礎是以表層作為承載層，所以只能依靠無名英雄地盤的力量……

壓！ 淺基礎

而將板樁打入地下深處的基礎，
稱為「深基礎」。

垂直承載力來自樁柱底部受到的**「端點承載力（end bearing capacity）」**[17] 和作用於基礎周圍的**「表面摩擦力」**。

深基礎有基礎周圍的面和地盤邊界的摩擦力……

噗咻 深基礎

表層柔軟可以採用淺基礎，
但不是這樣的場合則採用深基礎。

根據載重大小和地盤條件，
可以選擇**「樁柱基礎」**、
「沉箱基礎」喔。

※ 17 樁柱基礎中，稱為端點承載力。

椿柱基礎分為打椿到承載層的「**端承椿**（end-supported pile）」，

和沒有到承載層的「**摩擦椿**（friction pile）」※18。

群椿　端承椿　摩擦椿

以周圍摩擦支撐載重

D_f

柔軟地層

堅硬地層

q_u

以端點承載力和周圍摩擦支撐載重

叉子

蛋塔

端點承載力

沉箱基礎※19 適用於施工條件不適合椿柱基礎的情況，或者基礎需要強大承載力和剛性的情況。

這種基礎是挖掘建於地上的箱型結構物（caisson）底部，使其下沉到承載層，再於內部填充混擬土、砂土。

氣壓沉箱的示意圖

近年因遠距遙控改為無人操作

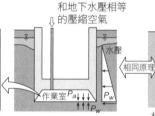

和地下水壓相等的壓縮空氣

水壓

作業室 P_a

P_w

$P_w = P_a$
不讓水浸入作業室中
P_w：沉箱設置位置的水壓
P_a：作業室內的氣壓

相同原理

杯子

空氣

杯內的氣壓等於水壓
⇩
杯內留下水無法浸入的空間

※18 椿柱基礎又分為在工廠製作的「預製椿工法（prefabricated pile method）」和在現場製作的「場鑄椿工法（cast-in-place pile method）」。

※19 沉箱基礎的地基寬度 B 較大，因 $D_f/B < 1$，埋置深度 D_f 相當大，一般分類為深基礎。另外，沉箱地基還有灌入壓縮空氣排除地下水來挖掘的「氣壓沉箱（pneumatic caisson）」，和在大氣壓下挖掘沉箱底部的「開口沉箱（open caisson）」。

該說是合理，還是爽快……

然後，像東京晴空塔這樣超高的建築物，樁柱基礎還要求防風對策等，以對抗水平力、拔起力※20。

深基礎，就像是樹根、根莖類嘛。

拔起力

水平力

另外，砂土地盤也會依情況需要建構深基礎，作為對抗液化（→p.213）等的對策，

但基礎建得愈深，工程成本會跟著增加，有時改良地盤反而比較具有經濟效益。

深基礎　改良地盤

經濟性

不管怎麼樣，我們需要由地盤調查來瞭解承載層的狀況，載重、地盤條件、經濟性等，都是基礎的考慮重點。

……！
哎？
蛋糕變小了！

真的耶！只剩下一半！亞美，怎麼回事啊？

※ 20 樁柱大多是垂直設置，為了有效抵抗水平力而斜向設置的稱為「斜樁（batter pile）」，結合垂直樁和斜樁的稱為「組樁（coupled pile）」。

別管這種小事，
趕快繼續解釋吧。

說……說的也是。
那麼，我們來看看淺基礎的
承載力和沉陷的問題吧。

嚼
嚼

7.6 承載力的求法

我記得，
地盤的承載問題要從
地盤的強度和變形
兩方面來檢討嘛？

咳

沒錯。

地盤
在基礎的載重還小的時候，
會表現彈性，逐漸變形。

緩慢沉陷

壓
‥‥‥

當載重超過極限狀態時，
地盤則會突然屈變（yield），
發生剪切破壞。

瞬間崩壞

砰
！

啊！
蛋糕垮了啦！
好浪費！

地盤屈變？

特別是在檢討淺基礎時，我們會先討論地盤怎麼變形而產生屈變，

也就是想像發生剪切破壞的過程，這很重要。

所以說，將置於地面截面積 A〔m^2〕的板子看作是淺基礎，由垂直載重 Q〔kN〕和沉陷量 S〔m〕的關係[21]，討論地盤的承載力特性吧。

其中，單位面積的載重（Q/A）為「**載重強度 q〔kN/m^2〕**」，載重強度 q 和沉陷量 S 的關係，我們稱為「**載重強度－沉陷曲線**」喔。

Q　位移計

載重板

載重強度〔kN/m^2〕　　屈變點 A′

沉陷〔mm〕

緩慢沉陷

緩慢沉陷

瞬間崩壞

②　①

Ⅰ　Ⅱ　Ⅲ

Ⅰ：直線（彈性）特性的區域
Ⅱ：由 Ⅰ 轉為 Ⅲ 的過度區域
Ⅲ：發生剪切破壞急遽沉陷的區域
屈變點：沉陷量 S 急遽增大的點

曲線①和②，形狀不一樣。

對。
地盤的性質根據破壞型態和承載力特性，分成兩種類型。

※ 21 於地表設置負載板並逐漸增加載重，由垂直載重和沉陷量的關係調查地盤的承載力特性，這樣的現地調查有「平板負載試驗（plate loading test）」等等。

曲線①表示，地盤內各點的剪應力 τ 到達屈變點時，幾乎同時到達抗剪強度 s，地盤瞬間破壞。

像這樣屈變點明顯的破壞，稱為「**整體剪壞（general shear failure）**」，一般常見於緊密砂土、砂礫或者堅硬的黏土地盤。

就像剛才堅硬的蛋糕一樣，一開始慢慢沉陷，後來瞬間砰一聲崩壞嘛。

沉陷

沉陷

沉陷

咚！

AK

鏘！

對、對。在整體剪壞中，屈變點的荷重強度 q 稱為「極限承載力（ultimate bearing capacity） q_u〔kN/m²〕」，

定義為地盤到達剪斷破壞極限狀態的強度。

我們是根據這極限承載力 q_u 來設計淺基礎？

如同前面的穩定、承載問題，地基也需要依結構物的重要性、地盤條件，推算安全係數來設計喔。

極限承載力 q_u 除以安全係數 F_s※ 22 的值，稱為「容許承載力（allowable bearing capacity） q_a〔kN/m²〕」，表示地盤不發生剪切破壞、保持安全的強度。

※ 22 穩定、承載問題都和土壤的抗剪強度 s 有關，但一般來說，滑移的穩定安全係數為 $F_s = 1.2 \sim 1.3$，而承載力的安全係數為 $F_s = 3$。

那另外一條
曲線呢？

曲線②表示，地盤內各點的
剪應力 τ 在各處連鎖擴散發
生局部破壞，沉陷量 S 增加
的過程。

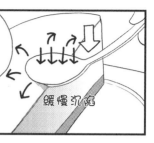

緩慢沉陷

如同這樣，屈變點不明確的破
壞，稱為「局部剪壞（local shear
failure）」，常見於疏鬆砂土或
柔軟的黏土地盤。

噗噗

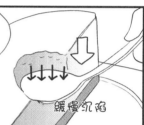

緩慢沉陷

屈變點不明確的場合，
極限承載力 q_u 該如何計算呢？

局部剪壞的話，由沉陷曲線後面的
直線部分，以經驗來確定屈變點，
計算極限承載力 q_u。

然而，即便極限承載力 q_u 大，
地盤沒有發生屈變，但若過去
的沉陷量 S 較大，結構物還是
有可能失去機能、安全性。

地盤的強度會因之前的
變形而產生問題。
地盤的變形，
是說壓密沉陷吧？

沉陷分為和負載幾乎同時發生的「立即沉陷（immediate settlement）」，和隨著壓密緩慢發生的「壓密沉陷」。不管是哪一種，結構物都有機能、安全面的沉陷量 S 容許限度，稱為「容許沉陷量（allowable settlement）S_a」[23]，地基的載重強度 q 必須設計在不超過這個標準。

也就是說，地盤的強度是以容許承載力 q_a、變形是以容許沉陷量 S_a 來檢討地基的穩定。

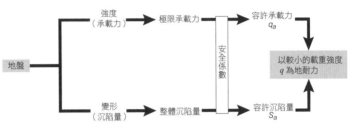

比較承載力和沉陷兩者的荷重強度

沒錯，載重強度 q 需要在容許承載力 q_a 和容許沉陷量 S_a 的容許範圍內，也就是說，我們會以較小的數值作為地盤的地耐力（bearing power）[24]。

使用比較小的數值，就能同時確保地盤的強度和變形兩者的基礎安全性。

沒錯！結構物整體中，基礎的建設成本佔了絕大部分，所以我們需要清楚瞭解哪種基礎有多穩定，篩選合理的設計法。
那麼，接下來介紹以淺基礎為對象，德在基承載力理論和承載力公式吧。

聽名字就知道很難……

※ 23臨界狀態設計法是，以極限承載力 q_u 作為最終臨界狀態的承載力，以容許沉陷量作為使用臨界狀態的承載力。

※ 24容許承載力 q_a 和容許沉陷量 S_a 中，以較小的數值作為「容許地耐力（allowable bearing capacity pressure）」，表示地盤的承載力。

承載力理論，是將地盤的承載力機制、理想化土壤的特性簡化，以便計算極限承載力喔。

德在基針對埋入緊密砂地盤內深度 D_f〔m〕的條狀基礎（基礎寬幅 B〔m〕），以均勻負載（uniform load）q（條狀基礎中心承受垂直荷重 Q〔kN〕）探討地盤的載重力機制。

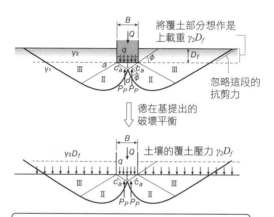

> 區域 I：稱為主動蘭金帶，彈性平衡的狀態。
> （在圖中 II 上方的倒三角形位置）
> 區域 II：為放射剪壞區域，基腳前端形成放射
> 線，以此為中心形成對數螺線。
> 區域 III：稱為被動蘭金帶，基腳的長 L 遠大於
> 寬 B。

在此假設高於基礎底面的土壤（埋入部分的土壤）沒有抗剪力喔。

所以說……淺基礎時，高於負載面的土壤不是作為承載地盤，而是僅作為覆土壓力 $p_0 = \gamma_2 D_f$ 的上載重（超載壓載重）來處理嗎？

好厲害，沒錯喔。若埋置深度 D_f 大於基礎寬度 B，高於負載面的土壤也必須考量抗剪力，德在基理論會以淺基礎（$D_f / B < 1$）為對象就是這個原因。
若垂直荷重 Q 逐漸增加，沉陷量 S〔m〕會隨著傳達至承載地盤的載重強度 q 而增大，不久便達到極限承載力 q_u。此時，承載地盤會發生什麼樣的破壞呢？

因為是緊密的砂土地盤，所以應該是發生整體剪壞。

沒錯，正確！我們來看看此時承載地盤的內部情況吧。
隨著作用於基礎的垂直載重 Q 增加，基礎正下方的土壤受到摩擦力、附著力拘束，形成如同與基礎一體化楔型剛體的區域 I [※25]。

形成楔型的區域 I，隨著基礎往正下方沉陷，受到來自區域 II 和區域 III 被動土壓（→p.224）的抵抗。同時，左右的區域 III 受到水平方向的擴張而壓縮變形，不久便發生被動破壞。經過被動破壞，區域 III 會形成直線滑面；區域 II 會形成扇形滑面喔。

的確……前面的堅硬蛋糕好像就是這樣崩壞的。

德在基由區域 I 中垂直方向的力平衡，導出承載地盤的極限承載力 q_u 公式：

$$q_u = cN_c + \frac{1}{2} \cdot \gamma_1 \cdot B \cdot N_\gamma + \gamma_2 \cdot D_f \cdot N_q \qquad (\text{kN/m}^2)$$

q_u	：極限承載力〔kN/m²〕
c	：低於基礎底面（承載地盤）的土壤黏聚力〔kN/m²〕
γ_1	：低於基礎底面（承載地盤）的土壤單位體積重量〔kN/m³〕
γ_2	：高於基礎底面（埋入部分）的土壤單位體積重量〔kN/m³〕
B	：基礎底面的最小寬幅〔m〕
D_f	：基礎的埋置深度〔m〕

右式的三項是代表什麼意思？

各項的 N 是？

右式的第 1 項是承載地盤黏聚力 c 產生的承載力；第 2 項是承載地盤本身的重量在地基寬度 B 上產生的承載力；第 3 項是埋入部分的覆土壓力 $p_0 = \gamma_2 D_f$ 在埋置深度 D_f 處產生的承載力。然後，N_c、N_γ、N_q 三個乘項是「承載力係數」的內摩擦角 ϕ 函數，將等號右邊三項相加，就可以求得極限承載力 q_u。

※ 25 一般來說，若基礎底面平滑，表示區域 I 深度的角度 α 會是 45°+ϕ/2，若基礎底面粗糙，則角度會近似 ϕ。

淺基礎的承載力是將承載地盤的黏聚力 c、基礎寬度 B、埋置深度 D_f 等影響分別計算。

後來，德在基又反覆進行實驗，提出對應正方形、圓形基礎的承載力公式，日本建築學會進一步將其一般化，擴張成為求取極限承載力 q_u 的計算公式。

$$q_u = \alpha \cdot c \cdot N_c + \beta \cdot \gamma_1 \cdot B \cdot N_\gamma + \gamma_2 \cdot D_f \cdot N_q \quad (\text{kN/m}^2)$$

α、β 為不同基礎底面形狀的形狀係數，如下表所示：

建築基礎結構規範中的形狀係數

形狀係數	地基底面的形狀			
	連續	正方形	長方形	圓形
α	1.0	1.2	$1.0+0.2 \cdot \dfrac{B}{L}$	1.2
β	0.5	0.3	$0.5-0.2 \cdot \dfrac{B}{L}$	0.3

如同上表，地盤藉由稍微複雜的結構發揮承載力，但這些計算公式適用於整體剪壞。而局部剪壞不會產生特定的滑面，局部應變較集中於基礎兩側附近。

的確，就像前面柔軟的蛋糕。

那麼，像椿柱基礎的深基礎呢？

椿柱基礎的負載試驗會實際打椿測試，所以欲求的沉陷曲線可直接由承載力求得。但是，若碰到負載實驗不方便打椿，則改以地盤調查、土壤試驗結果的承載力公式來計算喔。

另外，發生壓密沉陷的地區，椿軸可能因沉陷而產生「負表面摩擦力（negative skin friction）」，這些影響承載力、沉陷量的因素，也必須加以考慮（→p.269）。

這是很繁重的作業，今天先吃個蛋糕補充糖分……哎？沒有蛋糕了！？

所以，我們明天就以土壤結構力學的角度，

調查地盤的穩定、承載問題吧。

難道是……亞美？

嗝！

啊——三個大蛋糕果然有點撐啊。

喂——！

呵呵

□ 防護牆的土壓（庫倫土壓理論）

（1）庫倫的主動土壓 P_A

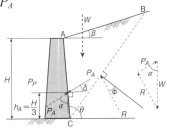

圖1　庫倫的主動土壓

牆壁支撐土塊ABC的力量即為主動土壓 P_A：

$$P_A = \frac{1}{2} \gamma_t H^2 K_A \; \text{〔kN/m〕}$$

式中，K_A 為庫倫的主動壓力係數：

$$K_A = \frac{\sin^2(\theta - \phi)}{\sin^2\theta \sin(\theta - \phi)} \left(1 + \sqrt{\frac{\sin(\theta - \delta)\sin(\theta - \beta)}{\sin(\theta + \delta)\sin(\theta - \beta)}} \right)^{-2}$$

式中，γ_t：背面土的單位體積重量〔kN/m³〕、H：牆壁高度〔m〕、θ：牆壁背面的傾角〔°〕、ϕ：內摩擦角〔°〕、δ：壁面摩擦角〔°〕、β：地表傾角〔°〕。

另外，若背面土的地表為水平（$\beta = 0°$）、牆壁背面的傾角為垂直（$\theta = 90°$）、壁面摩擦角（$\delta = 0°$），則主動土壓 P_A 為：

$$P_A = \frac{1}{2} \gamma_t H^2 \tan^2\left(45° - \frac{\phi}{2}\right) \; \text{〔kN/m〕}$$

此時，主動土壓係數 K_A 為：

$$K_A = \tan^2\left(45° - \frac{\phi}{2}\right) \quad 主動土壓 \; P_A \; 的作用點 \; h_A \; 在距牆壁下端 \; \frac{H}{3} \; 的位置。$$

（2）庫倫的被動土壓 P_P：

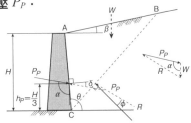

圖2　庫倫的被動土壓

被動土壓 P_P 為：

$$P_P = \frac{1}{2} \gamma_t H^2 K_P \; \text{〔kN/m〕}$$

K_P 為庫倫的被動土壓係數：

$$K_P = \frac{\sin^2(\theta + \phi)}{\sin^2\theta \sin(\theta - \phi)} \left(1 - \sqrt{\frac{\sin(\phi + \delta)\sin(\phi + \beta)}{\sin(\theta - \delta)\sin(\theta - \beta)}}\right)^{-2}$$

另外，若背面土的地表為水平（$\beta = 0°$）、牆壁背面的的傾角為垂直（$\theta = 90°$）、壁面摩擦角（$\delta = 0°$），則被動土壓 P_P 為：

$$P_P = \frac{1}{2} \gamma_t H^2 \tan^2\left(45° + \frac{\phi}{2}\right) \quad (kN/m)$$

此時，被動土壓係數 K_P 為：

$$K_P = \tan^2\left(45° + \frac{\phi}{2}\right) \quad 被動土壓 P_P 的作用點 h_P 位在距牆壁下端 \frac{H}{3}。$$

【例題 1】

圖 1、圖 2 中，地表水平（$\beta = 0°$）、牆壁背面垂直（$\theta = 90°$）時，試求作用於高 $H = 5m$ 牆壁的庫倫主動土壓 P_A、被動土壓 P_P，以及各作用點 h_A、h_P。其中，背面土的單位堆積重量 $\gamma_t = 18kN/m^3$、內摩擦角 $\phi = 24°$、壁面摩擦角 $\delta = 0°$。

〈思考方式〉

因為 $\beta = 0°$、$\theta = 90°$、$\delta = 0°$，

主動土壓係數 $K_A = \tan^2\left(45° - \frac{\phi}{2}\right)$、被動土壓係數 $K_P = \tan^2\left(45° + \frac{\phi}{2}\right)$，所以主動土壓 $P_A = \frac{1}{2}\gamma_t H^2 \tan^2\left(45° - \frac{\phi}{2}\right)$、被動土壓 $P_P = \frac{1}{2}\gamma_t H^2 \tan^2\left(45° + \frac{\phi}{2}\right)$

【解答】

主動土壓 P_A：

$$P_A = \frac{1}{2}\gamma_t H^2 \tan^2\left(45° - \frac{\phi}{2}\right) = \frac{1}{2} \times 18 \times 5^2 \times \tan^2\left(45° - \frac{24°}{2}\right) = 94.9 \text{ kN/m}$$

被動土壓 P_P：

$$P_P = \frac{1}{2}\gamma_t H^2 \tan^2\left(45° + \frac{\phi}{2}\right) = \frac{1}{2} \times 18 \times 5^2 \times \tan^2\left(45° + \frac{24°}{2}\right) = 533.5 \text{ kN/m}$$

主動土壓 P_A 的作用點 h_A、被動土壓 P_P 的作用點 h_P，都是距牆壁下端 $\frac{H}{3}$ 的位置：

$$h_A = h_P = \frac{5}{3} = 1.7 \text{ m}$$

☐ 防護牆的土壓（蘭金土壓理論）

（1）蘭金的主動土壓 P_A

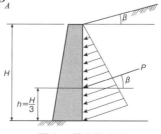

圖 3　蘭金的土壓

主動土壓 P_A：

$$P_A = \frac{1}{2}\, \gamma_t H^2 \cdot K_A \quad \text{〔kN/m〕}$$

K_A 為蘭金的主動土壓係數：

$$K_A = \cos\beta\, \frac{\cos\beta + \sqrt{\cos^2\beta - \cos^2\phi}}{\cos\beta + \sqrt{\cos^2\beta - \cos^2\phi}}$$

另外，背面土地表水平（$\beta = 0°$）時，主動土壓 P_A 和主動土壓係數 K_A 與庫倫土壓理論相同：

$$P_A = \frac{1}{2}\, \gamma_t H^2 \tan^2\!\left(45° - \frac{\phi}{2}\right) \quad \text{〔kN/m〕}$$

$$K_A = \tan^2\!\left(45° + \frac{\phi}{2}\right) \quad \text{主動土壓 } P_A \text{ 的作用點 } h_A \text{ 位在距牆壁下端 } \frac{H}{3}\text{。}$$

（2）庫倫的被動土壓 P_P

被動土壓 P_P 為：

$$P_P = \frac{1}{2}\, \gamma_t H^2 K_P \quad \text{〔kN/m〕}$$

K_P 為蘭金的被動土壓係數：

$$K_P = \cos\beta\, \frac{\cos\beta + \sqrt{\cos^2\beta - \cos^2\phi}}{\cos\beta - \sqrt{\cos^2\beta - \cos^2\phi}}$$

另外，背面土的地表水平（$\beta = 0°$）時，被動土壓 P_P 和被動土壓係數 K_P 與庫倫土壓理論相同：

$$P_P = \frac{1}{2}\, \gamma_t H^2 \tan^2\!\left(45° + \frac{\phi}{2}\right) \quad \text{〔kN/m〕}$$

$$K_P = \tan^2\!\left(45° + \frac{\phi}{2}\right) \quad \text{被動土壓 } P_P \text{ 的作用點 } h_p \text{ 位在距牆壁下端 } \frac{H}{3}\text{。}$$

（參考）土壤具有黏聚力（$c \neq 0$）時：

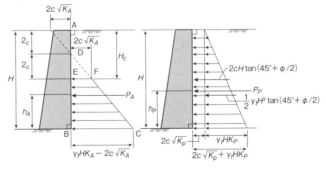

圖4　土壤具有黏聚力時的蘭金土壓

蘭金的主動土壓 P_A、被動土壓 P_P 分別為：

$$P_A = \frac{1}{2} \gamma_t H^2 \tan^2\left(45° - \frac{\phi}{2}\right) - 2_c H \tan\left(45° - \frac{\phi}{2}\right) \; \text{〔kN/m〕}$$

$$P_P = \frac{1}{2} \gamma_t H^2 \tan^2\left(45° + \frac{\phi}{2}\right) + 2_c H \tan\left(45° + \frac{\phi}{2}\right) \; \text{〔kN/m〕}$$

c：黏聚力〔kN/m²〕

主動土壓 P_A、被動土壓 P_P 的作用點 h_A、h_p（距牆壁底端的距離〔m〕）：

$$h_A = \frac{1}{P_A} \left\{ \frac{1}{2} \gamma_t H^2 \tan^2\left(45° - \frac{\phi}{2}\right) \times \frac{H}{3} - 2_c H \tan\left(45° - \frac{\phi}{2}\right) \times \frac{H}{2} \right\} \; \text{〔m〕}$$

$$h_P = \frac{1}{P_P} \left\{ \frac{1}{2} \gamma_t H^2 \tan^2\left(45° + \frac{\phi}{2}\right) \times \frac{H}{3} - 2_c H \tan\left(45° + \frac{\phi}{2}\right) \times \frac{H}{2} \right\} \; \text{〔m〕}$$

【例題 2】

　　圖 3、圖 4 中，地表的傾角 $\beta = 15°$、牆壁背面垂直（$\theta = 90°$）時，試求作用於高 $H = 5m$ 牆壁的蘭金主動土壓 P_A、被動土壓 P_P。其中，背面土的單位堆積重量 $\gamma_t = 18 kN/m^3$、內摩擦角 $\phi = 24°$。

〈思考方式〉

　　因為背面土的地表傾斜（$\beta = 15°$），主動土壓係數為

$K_A = \cos\beta \dfrac{\cos\beta + \sqrt{\cos^2\beta - \cos^2\phi}}{\cos\beta - \sqrt{\cos^2\beta - \cos^2\phi}}$、被動土壓係數為 $K_P = \cos\beta \dfrac{\cos\beta + \sqrt{\cos^2\beta - \cos^2\phi}}{\cos\beta - \sqrt{\cos^2\beta - \cos^2\phi}}$，

所以主動土為 $P_A = \dfrac{1}{2} \gamma_t H^2 K_A$、被動土壓為 $P_P = \dfrac{1}{2} \gamma_t H^2 K_P$

【解答】

主動土壓係數 K_A 為：

$$K_A = \cos\beta \frac{\cos^2\beta - \sqrt{\cos^2\beta - \cos^2\phi}}{\cos^2\beta + \sqrt{\cos^2\beta - \cos^2\phi}} = \cos 15° \frac{\cos 15° - \sqrt{\cos^2 15° - \cos^2 24°}}{\cos 15° + \sqrt{\cos^2 15° - \cos^2 24°}} = 0.4923$$

被動土壓係數 K_P 為：

$$K_P = \cos\beta \frac{\cos\beta + \sqrt{\cos^2\beta - \cos^2\phi}}{\cos\beta - \sqrt{\cos^2\beta - \cos^2\phi}} = \cos 15° \frac{\cos 15° + \sqrt{\cos^2 15° - \cos^2 24°}}{\cos 15° - \sqrt{\cos^2 15° - \cos^2 24°}} = 1.8954$$

主動土壓 P_A 為：

$$P_A = \frac{1}{2} \gamma_t H^2 K_A = \frac{1}{2} \times 18 \times 5^2 \times 0.4923 = 110.8 \; \text{kN/m}$$

被動土壓 P_P 為：

$$P_P = \frac{1}{2} \gamma_t H^2 K_P = \frac{1}{2} \times 18 \times 5^2 \times 1.8954 = 426.5 \; \text{kN/m}$$

□ 邊坡的穩定（圓弧滑面的穩定分析）

想要事前預測滑面的位置相當困難，所以通常會多次重複此步驟來比較，以檢討安全係數 F_s。

【穩定分析的步驟】
①假設滑面圓弧的中心點 O、半徑 R。

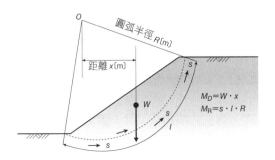

②計算作用於假設滑面的滑動力矩 M_D（對中心點 O 的剪力力矩）和抵抗力矩 M_R（對中心點 O 的抗剪力矩），由 M_R 對 M_D 的比值來推求假設滑面的安全係數 F_s：

$$F_s = \frac{M_R}{M_D}$$

③以不同的中心點和半徑，重複②的計算，推求安全係數 F_s 最小的圓（臨界圓）。

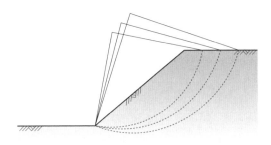

求得最小安全係數 F_s，即為此邊坡滑移破壞的安全係數。

❏ 邊坡的穩定（平面滑移的穩定分析）

【例題3】

　　如下圖邊坡（傾角 $\beta = 25°$），試求平面滑移破壞的安全係數 F_s。其中，邊坡土壤的黏聚力 $c = 8$ kN/m²、內摩擦角 $\phi = 20°$、單位體積重量 $\gamma_t = 18$ kN/m³。

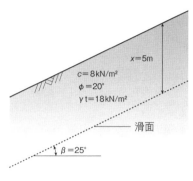

〈思考方式〉

　　將題目各條件代入P.238推導出來的公式，計算平面滑移破壞的安全係數 F_s。

【解答】

　　由 $c = 8$ kN/m²、$\phi = 20°$、$\gamma_t = 18$ kN/m³、$z = 5$m、$\beta = 25°$，推得安全係數為：

$$F_s = \frac{2c}{\gamma_t z \cdot \sin 2\beta} + \frac{\tan \phi}{\tan \beta} = \frac{2 \times 8}{18 \times 5 \times \sin(2 \times 25°)} + \frac{\tan 20°}{\tan 25°} = 1.01$$

安全係數 $F_s > 1$，所以此邊坡不會發生平面滑移。

□ 邊坡的穩定（泰勒穩定圖的穩定分析）

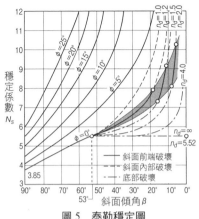

圖 5　泰勒穩定圖　　　　　　　　　深度係數

對均質土壤進行邊坡的穩定分析，會使用泰勒穩定圖。圖 5 的穩定係數 N_s，代入下述公式計算邊坡不崩壞的臨界高度 H_c、安全係數 F_s，可判斷穩定性。另外，若內摩擦角 $\phi = 0°$ 且斜面傾角 $\beta = 53°$ 時，由 β 和深度係數 n_d（＝坡肩到堅硬地層的高度 H_1〔m〕／斜面的高度 H〔m〕）的穩定係數 N_s，求臨界高度 H_c。

臨界高度 $H_c = N_s \dfrac{c}{\gamma_t}$〔m〕，安全係數 $F_s = \dfrac{H_c}{H}$

c：邊坡土的黏聚力〔kN/m²〕、γ_t：邊坡土的單位體積重量。

【例題 4】
黏聚力 $c = 18$ kN/m²、內摩擦角 $\phi = 0°$、單位體積重量 $\gamma_t = 15$ kN/m³ 的黏土地盤，垂直（邊坡傾角 $\beta = 90°$）挖掘深度 $H = 4m$，安全係數 F_s 為何？

〈思考方式〉

由泰勒穩定圖（圖 5）可知，邊坡傾角 $\beta = 90°$、內摩擦角 $\phi = 0°$ 對應的穩定係數 N_s，帶入上述公式求臨界高度 H_c，再進一步求安全係數 F_s。

【解答】

由泰勒穩定圖，可知 $F_s = 3.85$。

臨界高度 H_c 為：$H_c = N_s \dfrac{c}{\gamma_t} = 3.85 \times \dfrac{18}{15} = 4.62$ m

因此，安全係數 F_s 為：$F_s = \dfrac{H_c}{H} = \dfrac{4.62}{4} = 1.16$

□ 基礎的承載力（淺基礎）

【例題 5】

如下圖，在兩層構造的地盤中，埋入深 $D_f = 4m$ 的基礎。基礎的形狀如下述①～③，試求各極限承載力 q_u。

①連續基腳基礎（寬 $B = 6m$）

②正方形基腳基礎（單邊 $B = 6m$）

③長方形基腳基礎（短邊 $B = 6m$、長邊 $L = 12m$）

設置於兩層地盤的基腳基礎

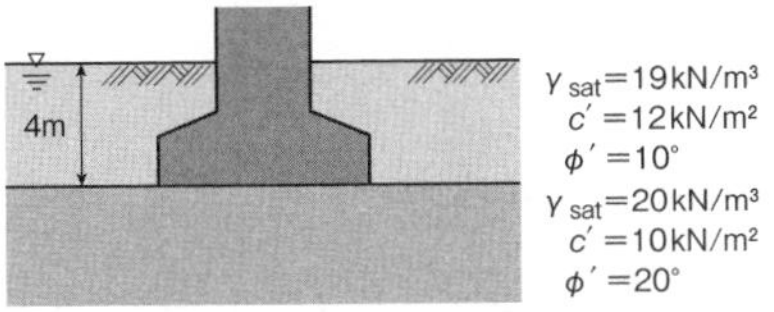

建築基礎結構設計規範的承載力係數

ϕ'（°）	N_c	N_q	N_γ
0	5.1	1.0	0.0
5	6.5	1.6	0.1
10	8.3	2.5	0.4
15	11.0	3.9	1.1
20	14.8	6.4	2.9
25	20.7	10.7	6.8
28	25.8	14.7	11.2
30	30.1	18.4	15.7
32	35.5	23.2	22.0
34	42.2	29.4	31.1
36	50.6	37.8	44.4
38	61.4	48.9	64.1
40以上	75.3	64.2	93.7

建築基礎結構設計規範的形狀係數

基礎底面的形狀	連續	正方形	長方形	圓形
α	1.0	1.2	$1.0 + 0.2\dfrac{B}{L}$	1.2
β	0.5	0.3	$0.5 - 0.2\dfrac{B}{L}$	0.3

B：長方形短邊　L：長方形長邊

〈思考方式〉

因為地下水面和地表面一致，所以各層的單位體積重量 γ_1、γ_2 即為水中單位體積重量 $\gamma' = \gamma_{sat} - \gamma_w$〔$kN/m^3$〕。基礎底部的內摩擦角 $\phi' = 20°$ 對應的承載力係數 N_c、N_q、N_γ，以及各形狀對應的形狀係數 α、β，從上表讀取，以公式計算地盤的極限承載力 $q_u = \alpha c N_c + \beta \gamma_1 N_\gamma + \gamma_2 D_f N_q$。

【解答】

承載力係數為 $N_c = 14.8$、$N_q = 6.4$、$N_\gamma = 2.9$，低於基礎底部的單位體積重量為 $\gamma_1 = \gamma_{sat} - \gamma_w = 20 - 9.8 = 10.2\,kN/m^3$，高於底部的單位體積重量為 $\gamma_2 = \gamma_{sat} - \gamma_w = 19 - 9.8 = 9.2\,kN/m^3$。

①連續基腳基礎（寬 $B = 6m$）

形狀係數為 $\alpha = 1.0$、$\beta = 0.5$，所以極限承載力 q_u 為：

$$q_u = \alpha c N_c + \beta \gamma_1 \beta N_\gamma + \gamma_2 D_f N_q = (1.0 \times 10 \times 14.8) + (0.5 \times 10.2 \times 6 \times 2.9) + (9.2 \times 4 \times 6.4)$$
$$= 472\ kN/m^2$$

②正方形基腳基礎（單邊 $B = 6m$）

形狀係數為 $\alpha = 1.2$、$\beta = 0.3$，所以極限承載力 q_u 為：

$$q_u = \alpha c N_c + \beta \gamma_1 \beta N_\gamma + \gamma_2 D_f N_q = (1.2 \times 10 \times 14.8) + (0.3 \times 10.2 \times 6 \times 2.9) + (9.2 \times 4 \times 6.4)$$
$$= 466\ kN/m^2$$

③長方形基腳基礎（短邊 $B=6m$、長邊 $L=12m$）

形狀係數為 $\alpha = 1.0 + 0.2\dfrac{B}{L} = 1.0 + 0.2 \times \dfrac{6}{12} = 1.1$、 $\beta = 0.5 - 0.2\dfrac{B}{L} = 0.5 - 0.2 \times \dfrac{6}{12} = 0.4$ ，

所以極限承載力 q_u 為：

$$q_u = \alpha c N_c + \beta \gamma_1 \beta N_\gamma + \gamma_2 D_f N_q = (1.1 \times 10 \times 14.8) + (0.4 \times 10.2 \times 6 \times 2.9) + (9.2 \times 4 \times 6.4)$$
$$= 469 \text{ kN/m}^2$$

❑ 基礎的承載力（深基礎）

（1）邁爾霍夫的經驗公式

邁爾霍夫（Meyerhof）將砂質地盤的極限承載力 Q_u 和標準貫入試驗的 N，以及將樁柱周面摩擦力 f_s〔kN/m^3〕和 N 值連結在一起，針對砂質地盤，提出下述樁柱極限承載力 Q_u〔kN〕的半經驗公式（semi-empirical formula）。

極限承載力 $Q_u = 9.81\left(40NA_p + \dfrac{\overline{N}}{5}A_s\right)$ （邁爾霍夫公式）

式中，N：樁柱前端地盤的 N 值、$\overline{N}$：樁柱周圍地盤的平均N值、A_p：樁柱前段的截面積〔m^2〕、A_s：樁柱的周面積〔m^2〕，乘上 9.81 將重力單位〔tf〕轉換成SI單位〔kN〕。

（2）建築基礎結構設計規範的經驗公式

現地的樁柱設置，有使用既成樁柱的「錘擊樁工程」，也有在現場製作樁柱的「場鑄樁工程」，經驗公式中的各係數會因工程的不同而異。這個公式是以砂質地盤為對象，黏性地盤則需要使用不排水抗剪強度 s_u 來計算。另外，根據建築基礎結構設計規範，為了正確反應樁柱的設置方法、地盤特性，會如下述規範來擴張極限承載力 Q_u 的經驗公式：

表1　樁柱垂直承載力的經驗公式（杭の鉛直支持力の実用算定式）

椿柱的極限承載力 $Q_u = Q_p + Q_s$〔kN/本〕			
前端承載力 Q_p		周面摩擦 Q_s	
砂質土	黏性土	砂質土部分	黏性土部分
$300\overline{N_1}A_p$ $\overline{N_1}$：樁柱前端下方 1D 到上方 4D 範圍的地盤平均 N 值，$\overline{N_1} \leq 60$。	$6s_{u1}A_p$ S_{u1}：樁柱前端的不排水抗剪強度〔kN/m^2〕（其 中，$S_{u1} \leq 3000$〔kN/m^2〕）	$2.0\overline{N_2}A_s$ $\overline{N_2}$：樁柱周圍地盤的平均 N 值（其中，$\overline{N_2} \leq 50$）。	$s_{u2}A_s$ S_{u2}：樁柱周面地盤的平均不排水抗剪強度（其中，$S_{u2} \leq 100$〔kN/m^2〕）
$100\overline{N_1}A_p$ $\overline{N_1}$：樁柱前端下方1D到上方1D 範圍的地盤平均 N 值，$\overline{N_1} \leq 75$。	$6s_{u1}A_p$ $(s_{u1} \leq 1250$〔kN/m^2〕)	$3.3\overline{N_2}A_s$ $(\overline{N_2} \leq 50)$	$s_{u2}A_s$ $(s_{u2} \leq 100$〔kN/m^2〕)
$200\overline{N_1}A_p$ $\overline{N_1}$：樁柱前端下方1D到上方1D 範圍的地盤平均 N 值，$\overline{N_1} \leq 60$。	$6s_{u1}A_p$ $(s_{u1} \leq 2000$〔kN/m^2〕)	$2.5\overline{N_2}A_s$ $(\overline{N_2} \leq 50)$	$0.8s_{u2}A_s$ $(s_{u2} \leq 125$〔kN/m^2〕)

（左側列標示：錘擊樁／場鑄樁／埋入樁）

A_p：樁柱前端的截面積、A_s：砂質土部分、黏性土部分的樁柱周面積〔m²〕、D：樁柱直徑

【例題 5】

如右圖，在地盤中打入直徑 50cm 的既成混擬土樁。根據建築地基結構設計規範，試求裝置的極限承載力。

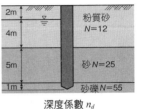

深度係數 n_d

〈思考方式〉

由**表 1**，錘擊樁的前端承受砂質土的垂直承載力，前端承載力為 $Q_p = 300 \overline{N_1} A_p$；樁柱周圍與砂質土層接觸，周面摩擦力為 $Q_s = 2.0 \overline{N_2} A_s$。

【解答】

由經驗公式表，可知極限承載力為 $Q_u = 300 \overline{N_1} A_p + 2.0 \overline{N_2} A_s$，代入：

$$\overline{N_1} = \frac{(55 \times 0.5) + \{(55 \times 1) + (25 \times 1)\}}{0.5 + 2} = 43 、 A_p = \frac{\pi \times 0.5^2}{4} = 0.196 \, \text{m}^2$$

$$\overline{N_2} = \frac{(12 \times 6) + (25 \times 5)}{6 + 5} = 17.91 、 A_s = \pi \times 0.5 \times 11 = 17.28 \, \text{m}^2$$

則垂直承載力 Q_u 如下：

$$Q_u = 300 \overline{N_1} A_p + 2.0 \overline{N_2} A_s = (300 \times 43 \times 0.196) + \{2.0 + (17.91 \times 27.28)\} = 3019 \, \text{kN/本}$$

☐ 負的周面摩擦（negative friction）

作用於承載樁的垂直載重，通常是前端承載力 Q_p 和周面摩擦力 Q_s，未發生地盤沉陷的的樁柱周圍，具有支撐樁柱的向上摩擦力（正摩擦力：positive friction）。另一方面，樁柱設置後，因地下水位低下等而地盤沉陷的樁柱周圍，具有和載重相同、無支撐作用的向下摩擦力（負摩擦力：negative friction）。

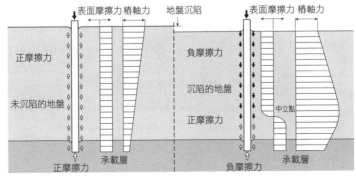

深度係數

索　引

國家圖書館出版品預行編目（CIP）資料

世界第一簡單土壤力學 / 加納陽輔著；衛宮紘譯.
-- 初版. -- 新北市：世茂，2017.04
面；　公分. --（科學視界；202）
譯自：マンガでわかる土質力学
ISBN 978-986-93907-8-1（平裝）

1.土壤力學

441.12　　　　　　　　　　　　　105024384

科學視界 202

世界第一簡單土壤力學

作　　　者／加納陽輔
譯　　　者／衛宮紘
審　　　訂／盧之偉
主　　　編／簡玉芬
責任編輯／陳文君
出 版 者／世茂出版有限公司
地　　　址／（231）新北市新店區民生路 19 號 5 樓
電　　　話／（02）2218-3277
傳　　　真／（02）2218-3239（訂書專線）
　　　　　　（02）2218-7539
劃撥帳號／19911841
戶　　　名／世茂出版有限公司　單次郵購總金額未滿 500 元（含），請加 50 元掛號費
世茂官網／www.coolbooks.com.tw
排版製版／辰皓國際出版製作有限公司
印　　　刷／世和彩色印刷股份有限公司
初版一刷／2017 年 4 月

ＩＳＢＮ／978-986-93907-8-1
定　　　價／340 元